美味四季便当

手把手教你做
76款快捷营养便当

尚美文创——著

人民邮电出版社
北京

图书在版编目（CIP）数据

美味四季便当 : 手把手教你做76款快捷营养便当 / 尚美文创著. -- 北京 : 人民邮电出版社, 2017.6
ISBN 978-7-115-45593-2

Ⅰ. ①美… Ⅱ. ①尚… Ⅲ. ①食谱—中国 Ⅳ. ①TS972.182

中国版本图书馆CIP数据核字(2017)第080580号

内 容 提 要

本书用浅显易懂的语言和直观清晰的图片，从简单地煮出可口米饭、保持蔬菜颜色，到更高层次的口福便当、素食便当，再到花样丰富的造型便当等，实例讲解了近百种快捷营养便当的制作方法和步骤。本书图片丰富、步骤清晰，读者可以根据示例一步步学习搭配食材、制作便当、加热便当等方法。让你逐渐爱上制作便当，爱上便当的营养美味。

◆ 著　　　　尚美文创
责任编辑　孔　希
责任印制　周昇亮

◆ 人民邮电出版社出版发行　　北京市丰台区成寿寺路 11 号
邮编　100164　　电子邮件　315@ptpress.com.cn
网址　http://www.ptpress.com.cn
北京市雅迪彩色印刷有限公司印刷

◆ 开本：700×1000　1/16
印张：13　　　　2017 年 6 月第 1 版
字数：200 千字　　　　2017 年 6 月北京第 1 次印刷

定价：49.80 元

读者服务热线：(010)81055296　印装质量热线：(010)81055316
反盗版热线：(010)81055315
广告经营许可证：京东工商广字第 8052 号

前言

营养美味从制作便当开始

本书用浅显易懂的语言和直观的步骤图对便当的制作进行了详细的说明和分析。从简单地煮出可口米饭、保持蔬菜颜色到更高层次的口福便当、素食便当，再到做出花样的造型便当等。从简单到复杂，采用不同的烹饪制作方法进行实例讲解，读者可以根据这些示例来一步步学习搭配食材、制作便当、加热便当的方法。让你逐渐爱上制作便当，爱上便当的营养美味。

快速上手便当制作

不少想要学习制作便当的妈妈或上班族，看到复杂的制作流程会感到头疼，因为他们在对便当一无所知的情况下，对制作过程中的一些解说和技巧难以理解。本书由易到难，层层递进，从最基础的选购便当盒、食材开始，用直观的图片和解说，帮助你快速上手制作营养美味的便当。在解说中，还归纳总结了不少小技巧，对制作便当更有帮助，让初学者能快速成长为一名制作各类便当都游刃有余的便当达人。

一目了然的制作步骤

有别于教学节奏较快的视频和描述不清楚的纯文字，图书的优点在于有更充裕的时间，能够随时随地跟着步骤练习，还可以自己掌握时间和节奏，随时翻阅。本书所有的制作步骤均为高清图，细节清晰明了，步骤翔实。每一款便当都提供了食材搭配和制作技巧，可作为制作同类型便当的参照。书中还详细介绍了剩菜剩饭如何巧搭配菜、使用佐料再制作出既营养又美味的便当。因此这绝对是一本便当制作中的“百科全书”。

专业美食图书创作团队倾力打造!

本书由专业的美食图书创作团队打造。他们以敏锐的时尚目光，捕捉最符合时下潮流的饮食习惯，从文字、图片再到排版等方面着手，进行既简单明了又时尚美观的合理布局，让每一个初学者都能轻松学习便当制作。

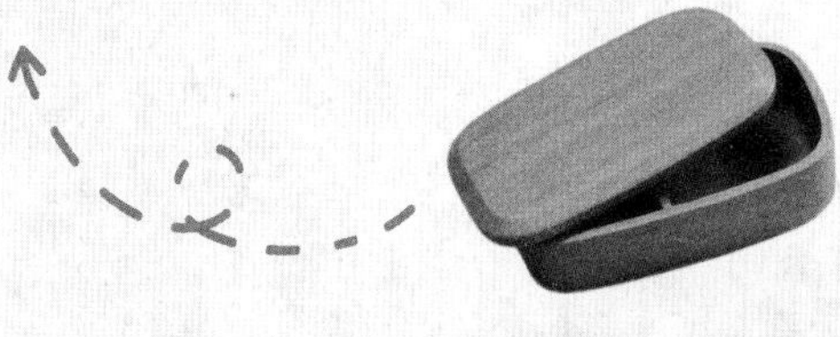

目录

Chapter 1

准备就绪！行动小厨房入门知识篇

Chapter 2

口福便当！吃出名店料理水准

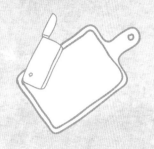

Chapter 3

全素便当！再忙碌也能兼顾体内环保

Chapter 4

一口便当！卷一卷美味便当口口香

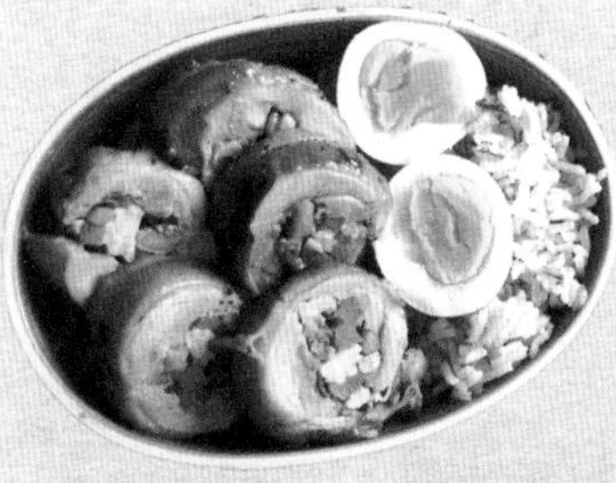

Chapter 5

蒸品便当！随身携带健康烹调理念

Chapter 6

儿童便当！让孩子开心吃饭的健康美味

Chapter 7

化繁为简！省时省力的便当制作技能

Chapter 8

简单易学！一尝难忘的便当小配菜

Chapter 1

准备就绪！
行动小厨房入门知识篇

什么样的便当盒才是安全健康的便当盒？怎样调味便当更美味？炎炎夏日如何保存便当才不会变质变味？掌握了做便当的小窍门，每次打开便当盒时，精美的食物不仅看起来十分美味，而且在收获同事朋友艳羡目光的同时还能享受可口便当喔！

选购安全健康的便当盒

越来越多的人在外工作或学习时都加入了“带饭族”的行列，自己带着做好的饭去吃，或者为心爱的人准备一顿爱心午餐都是件快乐的事情，可口的饭菜配上超级可爱的便当盒，一定会让人吃得津津有味！

然而，市场上林林总总不同材质的饭盒，在加热的过程中使用效果参差不齐。应该如何挑选便当盒才能吃上一份又美味又健康的便当呢？

快速了解便当盒常见材质

塑料材质

这种便当盒加热穿透性强而且具有很好的耐高温性，再加上质地轻巧、外形美观、牢固性强以及无污染食品级材料的应用普及，逐渐成为小朋友和上班族的首选产品。

不锈钢材质

这类便当盒保温效果相当好，一般保温桶的容量颇大，这一点既有优点也有不便，对于正在成长发育的中学来说，带一些热乎乎的汤品，能温暖一个冬天，但对于小孩子的饭量而言就稍显大了。

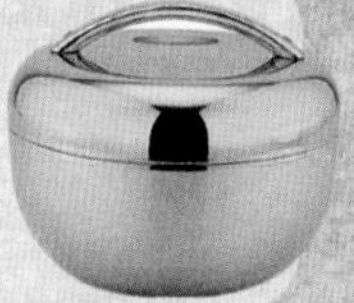

玻璃材质

这种便当盒具有良好的微波穿透性，因此比较适宜在微波炉中使用。但是，由于质地本身的易碎性和重量，所以携带使用并不方便。

木材质

木质便当盒不仅能吸收饭里多余的水汽，而且享用便当的同时还可以闻到阵阵的木头清香。但由于木器不可高温消毒，不可沸水蒸煮浸泡，不可用于微波炉、烤箱、消毒柜，再加上所有木质饭盒都不能严丝合缝，不能密封，对于追求实用性的人来说不是最好的选择。

你也许不知道的关于便当盒的秘密

只有“5号”便当盒可用于微波加热

什么样的便当盒适合微波炉加热呢？塑料制品上都有塑料回收标志，是在由三个箭头组成的代表循环的三角形中间，加上数字（从1~7）的标志。数字1~7和英文缩写用来指代塑料所使用的树脂种类。

1号(PET)	耐热至70℃，只适合装暖饮或冻饮。
2号（HDPE）	主要用于食品包装袋。
3号（PVC）	目前很少用于食品包装。
4号（LDPE）	耐热110℃，一般是用于保鲜膜、塑料膜等。
5号（PP）	唯一一种可以在微波炉中加热的材质，它可耐高温140℃。在选择便当盒时，若看到底部三角形中有“5”的标志，此类便当盒就可在微波炉中加热。
6号（PS）	主要用于碗装泡面盒、快餐盒。
7号（常见如PC）	用于水壶、水杯、奶瓶等。

便当盒也有保质期

便当盒也是有保质期的，过期的便当盒会老化，出现变色、变脆的情况。塑料饭盒使用时间长了，内部会出现凹凸不平，这种老化的便当盒会释出可能对人体有害的物质，如果发现使用的便当盒变黄或不再透明，应尽快更换。

至于一个便当盒“寿命”能有多久，多取决于个人的使用和清洗方法。大多数便当盒及其他塑料制品的保质期一般在3~5年，但目前还没有明确具体的规定，如果一个便当盒使用频率非常高，那么使用1~2年就更换会较好。

扔掉清洗困难户

在准备便当时，往往会准备不止一道菜，但是盛放的饭菜品种太多又容易串味，甚至会有一点点的馊臭味，即使是用洗洁精清洗再用开水烫，难闻的味道依然存在。不仅如此，便当盒使用时间长了，还会有变黄、不再清透的情况。这是因为用便当盒翻热了油分或糖分高的食物，油的沸点高于100℃，容易超过塑料的耐热极限，同时油和糖以及塑化剂都是有机物，油污与便当盒相似相溶，平时感觉便当盒吃过以后难洗，或用一段时间后出现染色的情况就是这个道理。所以，最好避免用塑料饭盒翻热油分或糖分高的食物，这样既能保护便当盒，又能养成健康的饮食习惯。

此外，在清洁便当盒时，还要避免使用磨损性的清洁液或清洁布，以免刮花塑料盒，释放出不明物质，要是再加上高温的催化，有害物就更可能释放到食物中。

防止蔬菜变黄的烹饪技巧

蔬菜鲜亮诱人的颜色能激发人的食欲，但是在制作便当的过程中，蔬菜的颜色总是不能得到很好的保持。尤其是绿色时蔬，反复微波加热，会变得黑黄软烂，让人提不起食欲。通过一些蔬菜锁色小技巧，让便当中的蔬菜长时间保持鲜亮颜色。

便当中的锁色小秘密

快速焯烫

要想保持绿色蔬菜的颜色，主要的措施是缩短烹调时间。一般说来，急火快炒、快速焯烫都能很好地保住菜的颜色。

当蔬菜一煮好，立刻用冰水过一下，这样可以保持原有颜色，还更清脆爽口。另外，把茄子整个放入油锅中炸一下，当茄子皮变成深紫色后，立刻浸入冰水中，再取出来切，也能使茄子不易变色。

加盐

绿色的蔬菜及黄瓜、豌豆、毛豆等，煮好后没多久就很容易变黄，这时可以先在滚水中加入一小勺盐，再把青菜放入锅中，过一下水后捞起；也可以在制作前用盐水泡，这样煮出的青菜就可较长时间保持鲜绿了。

将少量的水 + 盐 + 米酒混合，在青菜快要起锅时，将混合汁沿着炒菜锅内缘倒下，这样做既可以保持蔬菜的鲜绿色，也不会改变原本调好的味。

加柠檬

如果买不到新鲜的、好的芦笋、花椰菜，煮出来的汤就会变得黄黄的。这时只要滴上几滴柠檬汁，做出来的汤就变得很清。此外，将蔬菜放入加了柠檬汁的水里浸泡，也能使菜的颜色更鲜亮。

加醋

很多时候，新鲜的茄子是漂亮的紫色，可煮出来后，却变成黑乎乎的难看的褐色。如果不想使用油炸法，可以在茄子切好后，将其放入醋水或盐水中浸泡一下，就能减轻烹饪过程中茄子的变色问题。

方便料理的不变色蔬菜

“我只是想煮个青菜，为什么要那么麻烦呀？”大家是不是也有过这样的想法？虽然很多小窍门有助于解决蔬菜易变色的问题，可无形中增加了烹饪的时间，有没有哪些蔬菜是好料理且本身又不容易变色的呢？

绿色蔬菜

青椒 秋葵 西蓝花 小油菜 芹菜 莴笋

有一些蔬菜即使烹饪后，依然能较好地保持它本身的绿色，例如青椒、秋葵等。在制作便当的过程中，若想吃绿色蔬菜，又不想担心变色问题，最简单便捷的方法就是选择以上这些不易变色的蔬菜。

深色蔬菜

胡萝卜 西红柿 红辣椒 黄甜椒 紫甘蓝 木耳

胡萝卜、西红柿、红辣椒等这些色彩鲜艳、营养价值丰富的深色蔬菜，无论怎么煮，即使是长时间放置，它们的颜色都不会轻易改变，十分适合用来制作便当。

豆类

荷兰豆 四季豆 豌豆 黄豆 红豆 玉米粒

豆类性质比较稳定，处理也相对简单，不似绿叶蔬菜般容易变色，经微波炉加热或存放时间过长也不容易变味。所以不管是四季豆，还是豌豆，这些豆类都是便当制作的热门食材。

瓜类

南瓜 苦瓜 木瓜 丝瓜 地瓜 西葫芦

在所有蔬菜中，长时间放置的叶菜的硝酸盐含量最高，而瓜类蔬菜最安全。因此，丝瓜、西葫芦、南瓜等都是便当蔬菜的好选择。瓜类蔬菜不但有害物质少，口感和颜色容易保持，维生素的损失也比绿叶菜少。此外，烹饪时加点醋也能抑制有害物质的产生，并保留更多的营养。

煮出可口香软的便当米饭

热米饭冷却后或在低温条件下保存时，米饭会重新变“硬”。便当从冰箱里拿出来，再经微波炉等方法加热后，米饭都不会恢复到新煮好时那样可口。因此，在蒸煮便当米饭的时候运用一些小技巧，可使米饭更为可口。

便当专属的煮饭技巧

蒸饭

制作便当的米饭最好用蒸的，这样才能最大程度地保持米饭冷藏后的口感。蒸饭不仅好吃，将米汤和米一起蒸，还可以保存米汤中的营养。在蒸米饭前先将米用水泡 2 小时左右，时间不用太长，泡一下会让米更容易熟，也更软糯，即使冷藏后也不会特别干硬。

开水煮饭

煮饭时最好是先把水烧开，然后再将淘过的米放在里面煮，这样可以缩短煮饭的时间，快速让米饭熟透，以保护米中的维生素。因为便当米饭经过长时间的冷藏后，再用微波炉加热，这样一冷一热很容易破坏米饭的营养物质，所以在制作便当米饭时，不要怕麻烦，先把水烧开了，再放米煮吧。

加油

米淘洗干净后，在清水中浸泡 2 小时，捞出沥干，再放入锅中加热水、一汤匙猪油或植物油，用旺火煮开转为文火焖半小时即可。若用高压锅，焖 8 分钟即熟，米饭不粘锅，且香甜可口。最特别的是，加入的油脂可以在米饭表面形成一层保护膜，防止便当在冷藏或加热时流失水分，增加米饭的香味。

添醋

不管是蒸米饭还是煮米饭，又或是重新加热，在米里加点醋，能让米饭“焕然一新”。在蒸米饭时，每 1500 克米加 2~3 毫升醋，米饭无酸味，饭香更浓，且易于存放和防馊；煮米饭时，往水里滴几滴醋，煮出的米饭也会更加洁白、味香。

入盐

为了给米饭增加更多的香味，使便当米饭加热后还能像刚煮出来的一样，可以在煮饭过程中适当加点盐，这样米饭会芳香扑鼻，口味好。此外，想要增加便当米饭的香味也可以添加一些玉米粒、豆子等其他食物，这也是非常不错的方法。

让便当回到烹饪原味的加热小方法

肉类加醋

肉类加热时要加点醋。因为肉类都含有比较丰富的矿物质，这些矿物质冷藏又加热后，都会随着水分一同溢出。但是，这些物质遇上了醋酸就会合成为醋酸钙，不仅提高了它的营养，同时还有利于身体的吸收和利用。

海鲜加佐料

贝类、海鲜类的食品在加热时最好加一些酒、葱、姜等佐料，这样不仅可以提鲜，还具有一定的杀菌作用，防止引起肠胃的不适。大家都知道，便当保存不当，会使里边的海鲜产生细菌，所以加热时加入这些佐料，特别是姜，能起到杀菌和解毒（特别是鱼虾蟹之毒）的功效。

鱼要分开热

鱼类加热四五分钟就好。鱼类食物中的细菌经过长时间冷藏后很容易繁殖，因此，便当盒里的鱼类一定要与其他食物分开加热。但记得鱼类不能长时间加热，否则其中所含的鱼脂和丰富的维生素等有益于人体的营养成分就会流失。

刀叉穿孔

便当中难免少不了香肠、土豆、板栗、鸡翅等这些带皮或较难加热的食材，在用微波炉加热带有这些食材的便当前，一定要记得先用刀叉将这些食物穿孔，以避免表面加热得过于干硬，而内部却没有熟透或受热不均匀的情况。

放一杯水

如果便当中有烤蔬菜，加热时最好放一杯水在微波炉中，这些烤蘑菇、烤西蓝花就不会变得硬邦邦了。另外，除了放一杯水的方法，还可以在这些烤制食物的表面淋上一层薄薄的油，这样不仅能防止食物变干硬，还会爆出香味呢！

真空储藏法

防止食物不变质，储藏方法很重要。在装便当前，先把饭盒里外皆用沸水烫一遍，然后再把食物装进去，把饭盒封严，温度降到不烫手后再冷藏。待第二天取出重新加热时，塑料饭盒的盖子会凹下去，盖子很难打开，这是因为盒内的空气受冷收缩，造成负压，外边的细菌很难进去，达到了防止食物变质的目的。

让便当保持美味的秘诀

一些人不喜欢吃便当，总觉得便当长时间放置后，食物发黄变软，难以入口。其实，只要经过恰当的食材处理和保存，即使经过长时间放置，再次打开盖子后，一样新鲜美味。

便当的原味哪里去了？

原因 1：区分不到位，味道相互影响

食物的摆放影响了便当的味道。很多人在制作便当时，不注意荤菜与素菜、甜味与辣味、生食与熟食的区分，导致各种味道在加热后相互影响，难免会吃出怪味。

原因 2：烹饪时加热不到位

用于便当的菜一般都不要煮得太熟太烂，避免便当在二次加热时食物变软烂。但是值得注意的是，便当菜肴在烹饪时，如果翻炒得不彻底，菜和酱汁没有充分融合，制作出来的味道也会像半生不熟一样。

原因 3：食材挑选不科学

制作便当的食材应该选择易熟、易操作、易入味且不易变质的。许多便当中的蔬菜，尤其是青菜，在加热时会变得又黑又软，还有股酸味，这是因为食材变质了。很多食材（例如青菜等）是不能长时间存放的，所以在选择食材时，应充分考虑其是否适合冷藏和加热。

原因 4：没有很好地保存

许多人在便当制作完成后，没有将其很好地保存，以至于食物变质、变坏。例如有些人认为冬天气温低，便当没有或不及时放进冰箱冷藏，导致食物变质；还有就是便当盒密封程度不够等。

原因 5：饭盒清洁不彻底

在夏天，尤其是在梅雨季节，便当变质的速度更快。要预防夏季便当变质速度过快，首先在制作便当前要做好清洁，手和饭盒要清洗干净。饭盒还可以进行蒸煮以高温消毒，当然，在制作便当的过程中也需要注意清洁。

锁定便当美味的方法

方法 1：酱汁单独装，加热再淋上

便当中的菜肴难免会用到酱汁。如果把酱汁与菜一起装入饭盒中，不同食物间相互串味不说，有时酱汁还容易溢出，弄脏饭盒。遇到酱汁比较多的菜肴时，最好的办法就是将菜沥干，将酱汁独立包装，等需要食用时，先加热，再淋到菜上，就可以跟刚做出来时一样美味了。

方法 2：加一味芳香食材

便当隔夜放置后，第二天拿出来重新加热时，往往会变得不香了。其实在打包便当时，往里面加一味芳香食材，例如香菜、菠萝块、薄荷、柠檬等，到再加热食用时，就会令便当变得香气诱人，增强食欲。

方法 3：洒上水更美味

大家都知道，蒸是最能保持食材原味及营养的烹饪方法，而微波炉加热的最大问题往往就是带走食物的水分，令食物变得干硬。所以在加热便当时，在便当上轻洒些许水就是一个很好的锁住食物水分的办法。

方法 4：单独分装加热更美味

很多人在选购便当盒时，为了清洗携带方便，大多会选择单格的。其实便当好不好吃，真的跟你买的便当盒有关！想要最大程度锁住食材的美味，保持便当的口感，最好还是使用多格或多层的饭盒。这些类型的饭盒可以将汤、米饭、生食、熟食等不同种类的食材区分打包，冷藏或加热时都可以分开进行。

方法 5：保留果皮充当芳香剂

吃完水果后，果皮先别急着扔，它们可以充当很好的芳香剂。吃完柑橘类水果后，将橘皮洗一下放在便当盒的一角，加热的时候果皮中的芳香剂能让便当闻起来更香。

夏天保存便当的方法

夏季气温过高，细菌生长速度变快，食物非常容易馊臭变质，很多人会将做好的便当直接放入冰箱，其实这样的做法并不妥。那么，夏天怎样保存便当才能吃得健康呢？

饭菜彻底冷却后再盖上盖子放入冰箱

很多人习惯于将饭菜做好后直接装进便当盒内并盖上盒盖，殊不知还热着的饭菜若直接被盖上盒盖，在冷却的过程中会凝结成水，凝结的水会流下积在饭盒底部，不仅不利于散热，还会在闷热潮湿的环境中加速食物变质，让你不仅浪费了做便当的时间和食材，还无法享受到美味的便当。所以正确的做法是在敞开式的环境下，等待饭菜完全冷却之后再盖上便当盒盖子放入冰箱保存。

将汤汁过滤出来防止饭菜被“泡烂”

“土豆炖牛肉”等菜品的汤汁较多，放入冰箱隔夜，不仅会将饭菜泡烂，影响口感，而且这些汤汁更易细菌繁殖。因此，在制作这类便当时，要将汤汁滤掉，或者用筷子将菜夹入便当盒中码放好，排除一切有可能会使便当变质的可能性，让便当味道更好。

尽量避免在便当中出现凉菜、生菜

凉菜、生菜或凉拌菜这些食物，因为其制作的工艺和特点，没有经过加热杀菌，或使用了生料佐拌，在室温条件下久放容易变质、滋生细菌。不少人认为：我认真洗过这些菜，很干净，已经是安全的食物了。其实，用水只能洗净泥沙，却不能杀菌，温度较低的冰箱也只能暂缓或是停止细菌的繁殖，并不能杀菌，细菌依旧存在。因此，应该尽量避免在便当中出现凉菜、生菜以及各类的生料佐拌。如果希望在便当中吃上这些菜，可以在出门前做好再放入便当盒中，避免这些凉菜、生菜长时间闷在便当盒中，用缩短保存时间来避免变质。

饭盒并不完全密封，加套密封袋更隔菌

饭盒看似密封，但难免会有一些透气孔或边角的缝隙，并不是完全密封的。细菌可能会通过这些缝隙进入便当，让饭菜变质。所以将饭菜放进便当盒后，再加套一个塑料保鲜膜或密封袋，装好后再放入冰箱，这样不仅能够从外部阻隔细菌的入侵，还能够防止冰箱的制冷抽水功能抽取便当中的水分而使便当变得干硬、难以下咽。所以，加套一个保鲜膜或密封袋更有利于便当在夏天更长时间地保存。

降低便当热量的小秘密

椰子油与米饭同煮，能有效降低热量

淀粉是人们经常食用的营养物质，米饭中就含有大量的淀粉，这些淀粉是令人发胖的原因之一，所以很多正在减肥的人都不敢食用米饭。其实并不用完全禁食米饭，只需将 1 茶匙椰子油加入米饭，烹煮 40 分钟，冷却后再放入冰箱冷藏约 12 小时，就能减少米饭中至少 60% 的热量。在减重的同时，还能享受香喷喷的白饭，苗条又健康。

用植物油代替动物油能减少发胖概率

由于动物油脂中饱和脂肪酸的含量过高，食用过多不但不能发挥脂类应有的营养，反而会被剩下，增加发胖概率，所以平时习惯用猪油、牛油做菜的便当族们还是选用植物油来替代吧。

虽然植物油的饱和脂肪酸没有动物油含量高，但过多的植物油也会令身材发胖，所以大家在制作便当时尽量不要放太多油，也尽量少吃煎、炸等高热量食物。

荤素搭配有营养又健康

为了减肥瘦身，很多人都严格限制日常热量的摄入，顿顿吃素食或干脆不吃，可是长期这样的话会导致营养不均衡。如何在保证营养的前提下减少热量的摄入？荤素搭配其实就是不错的选择。

例如红烧牛腩便当，牛肉营养价值高，并有健脾胃的作用，但牛腩肥腻，不利于减肥。把胡萝卜、土豆与牛腩同煮，吸收了多余的油脂，不但味道好，还能增加饱腹感。

食用健康食物来获得对人体有益的淀粉

谷物、杂粮和根茎类食物都是可以代替米饭的食用淀粉食物。谷物类淀粉推荐食用糙米。比起普通的白米饭，糙米含有更多的营养和膳食纤维。经常食用糙米的人，其体内的脂肪和身体质量指数比较低。杂粮类淀粉推荐玉米、绿豆、糙薏仁等，这类淀粉含有强有力的维生素和各类营养，研究发现，绿豆中富含膳食纤维，有助于降低胆固醇；而糙薏仁不仅能够调节免疫机能，还有抗敏的效果。根茎类的食物淀粉，则推荐山药、莲藕和芋头。它们多含有高蛋白质，但脂肪含量低，其中蕴含的丰富的膳食纤维能促进肠胃的蠕动，还可以补充各种营养。所以，在减肥的同时，也需要照顾到人体所需的各种营养物质，让身体更健康。

便当的微波炉加热秘诀

大多数便当的加热途径是微波炉。微波炉也因为功能强大，满足了各方需求，因此备受欢迎。将便当整个放入微波炉，同时加热各类饭菜，可能会令一些已经熟透的菜品变老。因此需要掌握一些微波炉加热技巧，令微波炉变成便当加热的好帮手。

尽量使用适合多次加热的食材制作便当

在食用便当之前，大多会使用微波炉进行二次加热，二次加热不但会造成营养的流失，还会影响饭菜的口感。所以在制作便当时应该选择适合多次加热的食材，例如土豆、胡萝卜、豆角、茄子、番茄等。另外，在制作便当的时候，可以适当将蔬菜和肉类不要煮得太老，以减少在微波炉中再次加热的时候造成的养分流失。

微波炉专用保鲜膜是加热的好帮手

在用微波炉加热饭菜时，可以使用优质的微波炉专用保鲜膜包裹住饭盒。其原因之一，在加热便当时，可能会引起食物飞溅，使用保鲜膜可以避免这些飞出来的食物弄脏微波炉壁。其二，也是最重要的，使用微波炉热菜容易使饭菜变干，使用保鲜膜可以减少水分的流失，但保鲜膜尽量不要直接接触菜。

便当放进微波炉前需要松一松

冰冻过的饭菜会结团，在放进微波炉加热前，用筷子或勺子松一松，把结块的部分捣开，这样微波炉饭菜加热会更均匀、更彻底卫生。这个做法也能缩短加热时间，保证饭菜在均匀加热的前提下，既不流失营养，还保持了最佳口感。

加热食物前淋点饮用水

首先在制作便当的时候，避免将饭菜做得太干；其次，在加热食物前，在米饭上淋少许饮用水或在旁边放一个装水的杯子，这样能在一定程度上恢复米饭松软的口感，让饭菜更可口。

掌控火候能让便当更可口美味

人们习惯将一整盒便当一起加热，但这样做可能会使素菜和肉类加热不均匀。所以加热时不妨将便当分成小份，把肉类和素菜分开加热。在加热肉类食物时，调高火，快速加热2~3分钟，这样可以将肉类食物热透，杀死细菌，并让其口感更细腻。在加热时蔬时，将微波炉时间调短，火候调小，这样可使蔬菜保持新鲜，不会发黄。

便当盒这样清洗干净又健康

便当盒的材质多种多样，若使用不恰当的清洗方法，不仅可能损坏便当盒，甚至还可能造成清洁剂残留和食物污染。因此，针对不同材质的饭盒，需要使用正确科学的方法清洗，减少各类洗涤剂残留，保证健康。

木质便当盒不宜使用钢丝球

钢丝球表面锋利，极易刮伤木质便当盒的表面，使细菌更容易滋生繁衍，引起饭菜霉变。因此，清洗木质便当盒，应该使用棉布或者柔软的海绵，清洗过后尽快晾干。

塑料便当盒不宜高温蒸煮

塑料便当盒轻便、组合多样，受到许多便当族的喜爱。但因为塑料便当盒是由高分子化合物聚合而成的，在加工的过程中会添加一些溶剂、可塑剂与着色剂等，如果用高温蒸煮的方法消毒塑料便当盒，可能会让其中的一些有害物质渗出。因此，清洗这类便当盒的时候，只需要用洗洁精和清水洗净，尽快晾干即可，消毒可以使用臭氧消毒。

不锈钢便当盒不宜用强碱类清洁剂

不锈钢餐具尽量避免使用强碱性或氧化性的化学药剂，如苏打、漂白粉等洗涤剂。否则这些化学物质会和不锈钢所含的镍、铬发生化学反应，对人体不利。不锈钢餐具可用煮沸的热水浸泡及消毒柜进行消毒。

玻璃便当盒不宜冷热交替

玻璃也是便当族喜爱的一种便当盒材质，因为其具有非常高的稳定性，大部分常见的洗涤剂都可以使用。但玻璃便当盒对温度比较敏感，比如在冬天气温极低的环境中，直接倒入滚烫的热水清洗，冷热交替可能会引起玻璃炸裂。因此应尽量避免使用这种温差太大的清洗方法。

选择可以长期安全使用的洗洁精

市面上大多数洗洁精是从石油中提炼出来的，添加了各种化学成分和香精、防腐剂等。而残留在餐具上的化学元素，会被人体吸收，积少成多，从而导致人体病变。

可以通过以下三个方法来避免或减少洗洁精残留。第一，通过多次反复清洗来降低残留。经过试验，多次反复冲洗、过水确实能减少洗洁精的残留。第二，通过减少洗洁精的用量和改变洗碗方式来减少残留。日常生活中，使用打泡器将少量洗洁精打泡，不仅用量少，泡沫的清洁能力也更好。第三，选择使用原料安全无毒的洗洁精。这种洗洁精成分安全，保留清洁能力的同时，过水后无残留，安全天然。

Chapter 2

口福便当！吃出名店料理水准

肉类含有的必需氨基酸不仅全面、数量多，而且比例恰当，接近于人体的蛋白质，容易消化吸收。面对快速的工作和生活节奏，很多上班族不到中午就已经饥肠辘辘。对于上班族而言，肉类绝对是抵抗饥饿的最佳选择。不仅如此，肉类经烹调后，可制成多种多样的美味佳肴，其浓郁的香味和鲜美的味道，能大大提高食欲。

咖喱鸡块便当

鲜嫩的鸡腿肉配上香浓咖喱酱，香气诱人。盛在便当盒中方便食用。最重要的是，咖喱的香气能够带走工作的烦闷与焦躁，带来更愉悦的口福享受。

用料

鸡腿 1个
土豆 1个
胡萝卜 1根
洋葱 1个
咖喱 2块
淀粉 少许
料酒 少许
纯牛奶 少许
花生酱 少许
黑胡椒粉 少许

Step 1 准备鸡腿肉或鸡胸肉、土豆一个、胡萝卜一根、洋葱一个。

Step 2 鸡腿肉去骨后切块，舀取少量干淀粉，混合料酒将鸡肉抓匀，腌制待用。

Step 3 洋葱洗净切块待用；土豆、胡萝卜去皮切块，放少许油将其炒至3成熟后出锅盛盘待用。

Step 4 小火少油，洋葱入锅，慢炒出其香味后，再将腌制好的鸡块入锅一起翻炒，炒至鸡肉表面微黄。

Step 5 加入3成熟的土豆、胡萝卜，混合洋葱、鸡肉继续翻炒，炒至8分熟。

Step 6 倒入清水，量大约没过全部食材；放入咖喱块，小火熬至食材收汁，期间适当搅拌以免糊锅。

Step 7 熬汁期间可加入少许纯牛奶，使咖喱汁的口感更加浓郁鲜美。

Step 8 最后放一匙花生酱提味，根据个人口味也可以加少许洋葱丝与黑胡椒粉提味，完成后便可出锅。

滑蛋牛肉便当

滑蛋牛肉是常见菜式之一，被蛋液包裹的牛肉质地滑嫩，蛋香浓郁，不论从视觉上还是味觉上都是一种享受。鸡蛋和牛肉的能量能够迅速补充体力，令工作更为轻松愉悦。

用料

牛肉 500 克
鸡蛋 4 个
香葱 适量
盐 少许
水淀粉 少许
白胡椒粉 少许
油 适量

Step 1 准备牛肉、鸡蛋，香葱洗净待用。

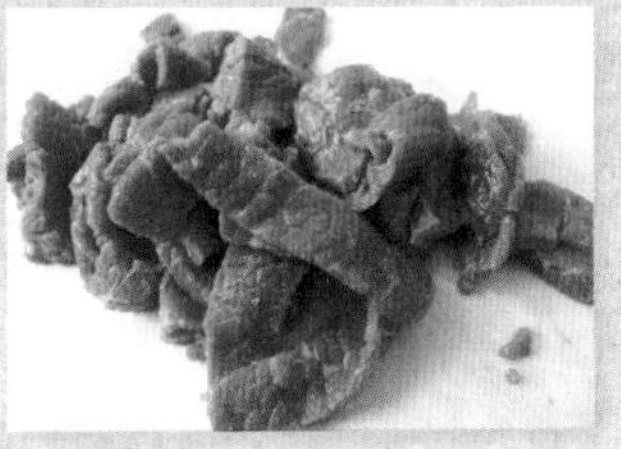

Step 2 将牛肉用刀背拍松，沿纹理切片，加入适量盐、水淀粉拌匀待用。

Step 3 炒锅中倒入油，待油热后加入牛肉翻炒。

Step 4 牛肉翻炒至其变色后立刻将其盛出。

Step 5 鸡蛋打散，香葱切碎，加入白胡椒粉，少许清水调匀，倒入炒好的牛肉片拌匀。

Step 6 热锅下油，油温至 5 成时倒入拌好的牛肉鸡蛋液。

Step 7 炒锅继续烧热后转小火，待鸡蛋液稍微凝固后翻动。

Step 8 翻炒约半分钟后即可出锅。

美味牛排便当

牛排对于年轻白领们来说一定不陌生，它不仅口感极佳，卖相也十分诱人，更对身体有益。打开便当盒，看到码放整齐的牛排，即使是吃一份简单的便当，也能从中享受满满的幸福感。

用料

新鲜牛排 250克
橄榄油 少许
蒜 3瓣
蚝油 适量
黑胡椒粉 少许

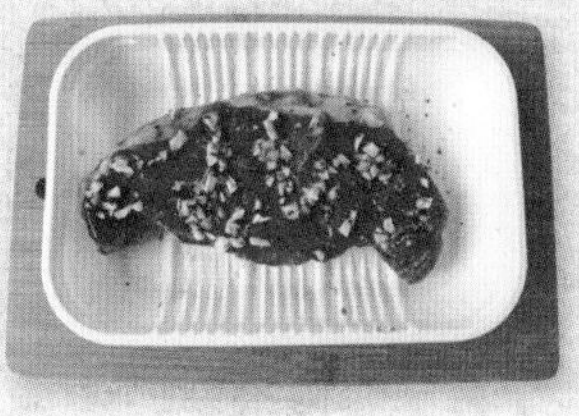

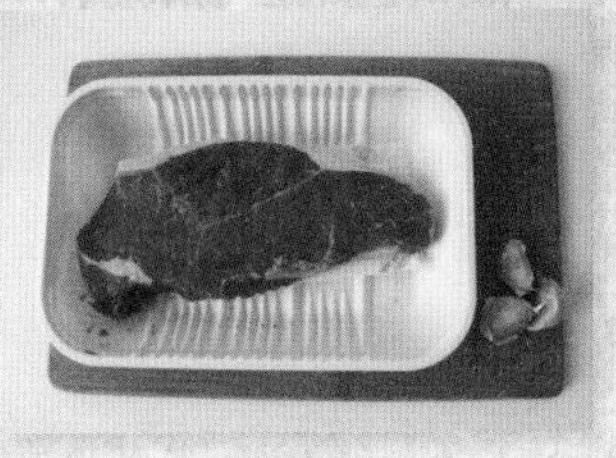

Step 1 准备新鲜牛排，蒜3瓣，切成蒜末。

Step 2 用蒜末、耗油、黑胡椒粉和橄榄油腌制牛排约30分钟。

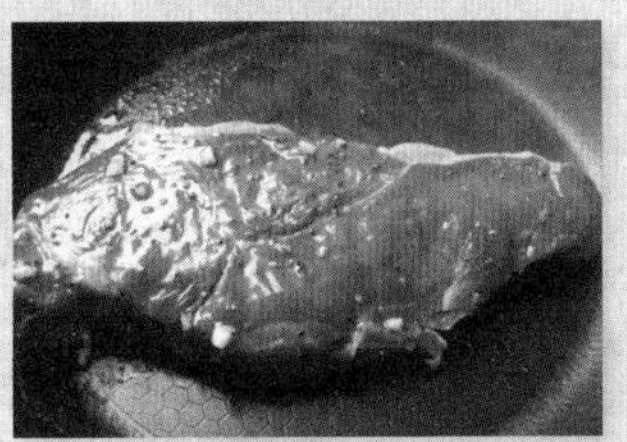

Step 3 选择平底不粘锅，大火热锅，无需加油，待锅烧热后，将腌好的牛排直接入锅，保持火力不变。

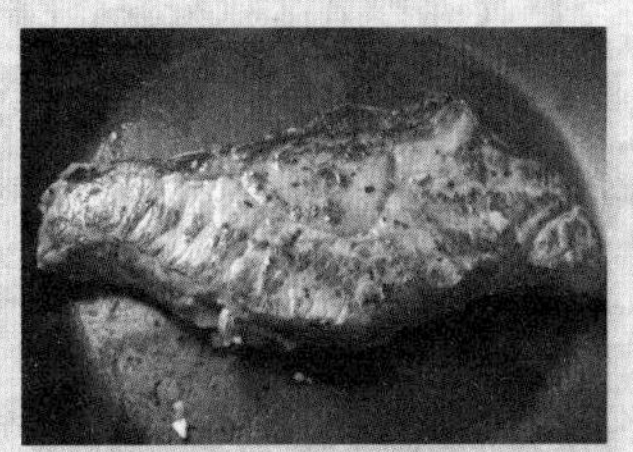

Step 4 单面加热大约50秒后，翻面加热50秒。

Step 5 无需担心肉焦，这样煎牛排的用意在于锁住肉汁。

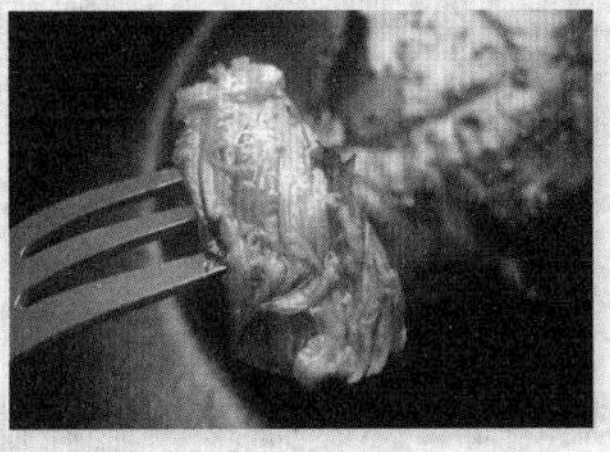

Step 6 接着可以转中火煎烤牛排两面，每面分别煎2~3分钟，期间可切一小块看牛排的熟度。

Step 7 根据个人口感来控制牛排的熟度，完成后切块。

Step 8 切块后出锅，配上米饭，完成便当。

三杯鸡便当

三杯鸡以其肉质酥嫩、口味浓厚、老少咸宜的味道，受到众多人的喜爱。在便当菜式中，其浓香的口感和气味，能够很好地刺激食欲；同时，其多汁厚浆，能够抵抗微波加热脱水，因而是一道不可多得的便当佳肴。

用料

鸡腿 1个
罗勒 少许
姜 少许
蒜 3瓣
红尖椒 少许
米酒 适量
黑麻油 适量
生抽 适量
老抽 少许
冰糖 少许
香油 少许

Step 1 准备鸡腿、罗勒、姜、蒜、红尖椒、米酒、黑麻油、香油、冰糖待用。

Step 2 鸡腿洗净切块，冷水下锅焯水，焯至变色即可，捞出沥干水分后待用。

Step 3 生姜切大薄片，10片左右，热锅后倒适量黑麻油和香油，爆香姜片。

Step 4 蒜去皮切碎，红尖椒切段，待姜片炒至焦黄后倒入蒜瓣和红尖椒继续翻炒。

Step 5 待配料炒出香味后，加入鸡块继续翻炒。

Step 6 待炒出鸡肉香味后，以4: 2: 1加的比例倒入米酒、酱油、冰糖，再以3:1的比例倒入生抽与老抽。

Step 7 大火烧开转小火，翻炒至汤汁收干。再放入罗勒，焖一下，淋上少许黑麻油提香。

Step 8 待汤汁收至浓稠，鸡肉变色入味，即可出锅。

泰式煎虾便当

泰式甜酸酱，可口诱人；煎制的烹饪方法，方便简单。长时间放入便当盒中不易变质，的虾肉，美味依旧。根据自己需要，配上水果或花茶，解腻去油。

用料

虾 500克
蚝油 适量
泰式甜酸酱 少许
油 适量

Step 1 清点食材，虾、蚝油、泰式甜酸酱。

Step 2 将虾去壳去线，保留虾尾。

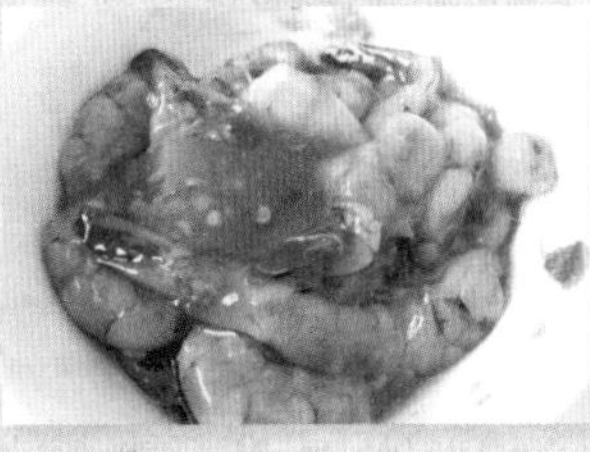

Step 3 将虾拌入蚝油、泰式甜酸酱中腌制。

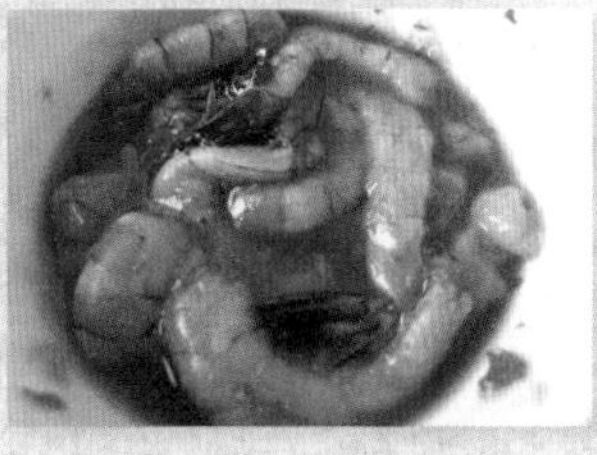

Step 4 将拌好的虾放入冰箱冷藏半小时以上，确保腌制入味。

Step 5 选择平底锅，倒入油，待油热后调成中火下虾。

Step 6 中小火将虾煎至金黄，双面煎熟。

Step 7 待虾双面都煎至金黄后便可出锅。

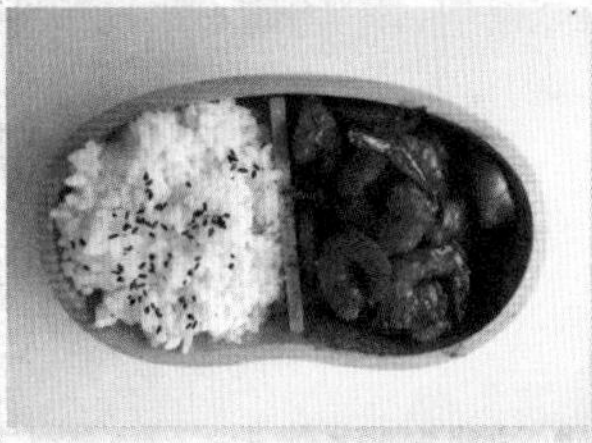

Step 8 出锅装入便当盒，配上米饭，完成便当。

照烧鸡肉便当

照烧鸡是日式经典料理，由于口味鲜美、制作简单，受到了年轻便当一族的热捧。照烧食物口味较重，可以搭配西蓝花、胡萝卜等口味较轻的蔬菜中和。荤素搭配也能令这一便当营养更全面。

用料

鸡腿 1个
西蓝花 半颗
胡萝卜 1根
小番茄 5颗
洋葱 半颗
盐 少许
料酒 少许
生抽 适量
老抽 少许
蜂蜜 少许
油 适量

Step 1 准备食材，鸡腿肉、西蓝花、小番茄、胡萝卜、洋葱。

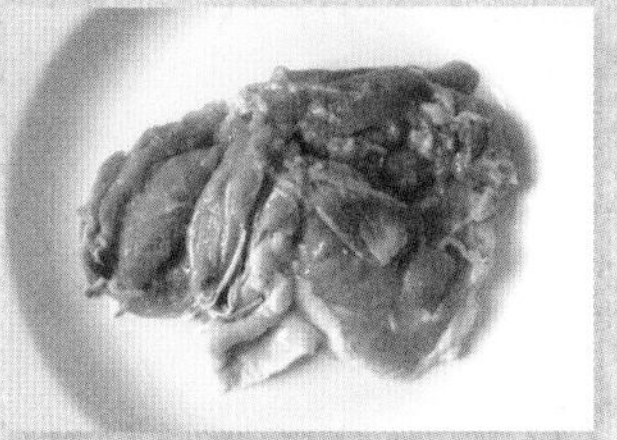

Step 2 鸡腿去骨，加入盐和料酒腌制 20 分钟待用。

Step 3 西蓝花切成小块，胡萝卜切成片，开水灼烫 1 分钟后沥干待用。

Step 4 用老抽、生抽、蜂蜜和料酒按 1 ∶ 2 ∶ 1 ∶ 1 的比例调出酱汁。

Step 5 热锅下油，待油热后，将鸡肉下锅中火煎熟，期间可不时用铲子压一压。

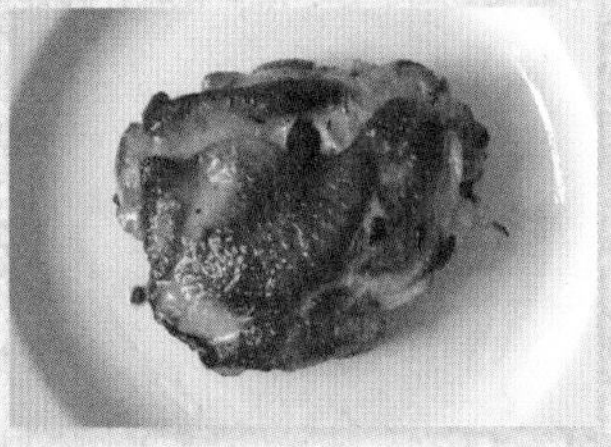

Step 6 鸡肉煎至两面金黄微焦即可出锅。

Step 7 重新起锅，下洋葱，小火将其煎出香味后倒入鸡肉与酱汁。

Step 8 继续焖煮，中火翻滚到酱汁浓稠即可出锅。

日式鳗鱼便当

鳗鱼含有大量维生素和胶原蛋白，对长时间在空调环境下工作的上班族而言，有助于保持肌肤水嫩有弹性。另外，鳗鱼口感软糯，选择鳗鱼制作便当十分方便。

用料

鳗鱼 1条
蒲烧鳗鱼酱 少许
葱 少许
姜 少许
蒜 3瓣
生抽 适量
老抽 少许
盐 少许
糖 少许
胡椒粉 少许
料酒 少许
红酒 少许
清酒 少许
蜂蜜 少许

Step 1 鳗鱼去骨、洗净、切段，葱切段，姜切片。

Step 2 用生抽、老抽、盐、糖、胡椒、料酒、红酒、清酒、葱、姜、蒜腌制鳗鱼 3~4 小时。

Step 3 用竹签固定腌好的鳗鱼片，以防其蒸烤的过程中变形弯曲。

Step 4 将串好竹签的鳗鱼放入蒸锅，可在上面撒几片姜片；大火蒸 8 分钟后出锅。

Step 5 把蒲烧鳗鱼酱刷在蒸好的鳗鱼片上，入烤箱用 200℃烤 6~8 分钟后取出。

Step 6 在烤好的鳗鱼片上刷一层蜂蜜并且撒一点白芝麻。

Step 7 继续入烤箱用 200℃烤 10~12 分钟即可。

Step 8 抽掉竹签装盘，配上米饭，完成便当。

粤式油鸡便当

鸡肉易购买易烹饪，并且肉质细嫩。粤式油鸡的烹调方式，能够在保证鸡肉鲜美味道的基础上，增加味道的层次，丰富口感。并且它不容易与蔬菜或其他食材串味，十分适合制作便当。

用料

鸡腿 1个
葱 3根
八角 1颗
香叶 2片
桂皮 2片
料酒 少许
盐 适量
冰糖 少许
辣椒 少许

Step 1 准备食材，鸡、葱、八角、香叶、桂皮。

Step 2 将细盐和料酒均匀抹在鸡肉上，腌制10分钟。

Step 3 将腌好的鸡肉入锅，往锅里加水，量约没过鸡肉的3/4。

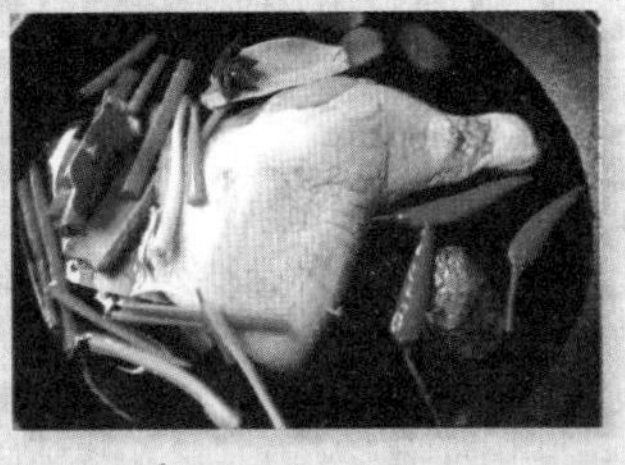

Step 4 放入冰糖、老抽、生抽、姜片、葱段、八角、桂皮、香叶和辣椒，大火煮沸，期间不时将汤汁淋在鸡肉上。

Step 5 待汤汁沸腾后转小火慢熬。

Step 6 小火慢熬约20分钟。

Step 7 熬至汤汁收汁后将其盛出。

Step 8 出锅装盘，可淋上一勺煮鸡肉的汤汁和少许麻油，配上米饭，完成便当。

黑椒牛柳便当

嫩牛柳配上五彩蔬菜，既满足了视觉感官，也给味觉带来了一场不期而遇的盛宴。即使只是吃便当，也绝不将就！

用料

牛柳 250克
青甜椒 1个
洋葱 半个
黑椒酱 少许
黑胡椒碎 少许
淀粉 少许
生抽 适量
料酒 少许
油 适量

Step 1 洋葱切块，青甜椒斜刀切成条形待用。

Step 2 用料酒、黑胡椒碎、生抽和淀粉腌制牛柳1小时，使其入味。

Step 3 热锅倒油，倒入牛柳大火翻炒。

Step 4 待牛柳约有六成熟时迅速将其盛起。

Step 5 无需清洗锅，利用锅内剩油，放入洋葱，中火炒至洋葱透明且出甜味。

Step 6 油锅转大火放入牛柳，与洋葱一起翻炒均匀，倒入黑椒酱，加少许生抽与盐。

Step 7 最后加入青甜椒，翻炒出香味后出锅。

Step 8 装入便当盒，表面撒上黑胡椒碎，配上米饭，完成便当。

川味肉片便当

没有什么比午餐能吃到够味够爽的川味肉片更舒心的事情了。便当中的尖椒既可作为蔬菜，又能作为配菜，搭配爽滑的肉片，绝对是下饭的好选择。如果吃不了辣，可以将尖椒替换成不辣的甜椒，同样也能炒出好味道。

用料

瘦猪肉 250 克
尖椒 3 根
姜 适量
蒜 3 瓣
豆瓣酱 少许
生抽 适量
老抽 少许
料酒 少许
白糖 少许
油 适量

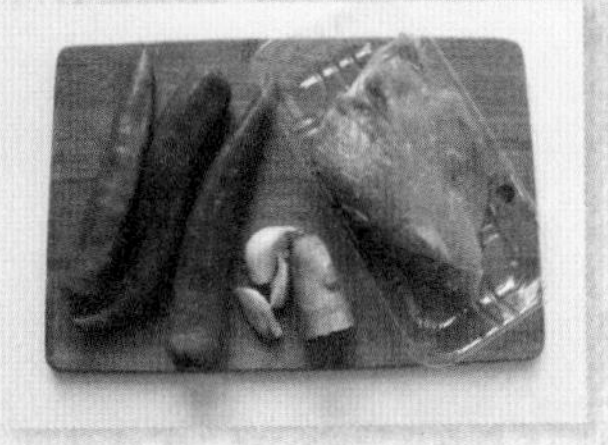

Step 1 准备食材，瘦猪肉、尖椒、姜洗净，大蒜去皮。

Step 2 瘦猪肉切片，蒜切片，姜切段，尖椒去蒂去籽切段待用。

Step 3 加入姜段、盐、淀粉，用少许水拌匀，腌瘦猪肉约 10 分钟。

Step 4 热锅下油，油热后下姜段和大蒜，炒至其出香味。

Step 5 待姜蒜出香味后下豆瓣酱、白糖，翻炒至出红油。

Step 6 下肉片，大火翻炒至看不出生肉的颜色。

Step 7 加入切好的尖椒段，继续拌匀大火翻炒。

Step 8 加入生抽、老抽、料酒和一点醋提味，继续大火翻炒，直至收汁即可起锅。

红烧牛腩便当

土豆绵长软糯的口感搭配劲爽高弹的牛腩，两者结合碰撞出令人赞叹的美味。炖煮的烹饪方式简单方便，处理好食材后下锅即可。另外，土豆牛腩的汤汁多，浇在米饭上，能让白米饭变得更加美味。

用料

牛腩 250 克
土豆 1 个
胡萝卜 1 根
姜 5 片
八角 1 颗
香叶 3 片
花椒 少许
干辣椒 少许
老抽 少许
料酒 适量
盐 适量
糖 少许
油 适量

Step 1 将土豆、胡萝卜去皮洗净切块后，入油锅炒至表面微焦待用。

Step 2 牛腩洗净，沥干水分切块待用，选择带点肥肉的牛腩，炖出来会更香。

Step 3 热锅后下少量油，待油温烧到七成热时，放牛腩煸炒，待血水彻底炒干且出现焦糖色后调中小火。

Step 4 加入姜片、八角、香叶、花椒和干辣椒炒香后倒入料酒、老抽炒至牛腩上色；加水大火烧开后盖上锅盖转小火焖烧。

Step 5 当牛腩烧至软烂后，将炒好的土豆、胡萝卜倒入牛腩锅中焖。

Step 6 继续焖 10~20 分钟，期间不时搅拌，以免蔬菜粘锅。

Step 7 大火让食材收汁，收汁时加盐和糖，根据自己的喜好来决定保留汤汁的分量。

Step 8 待收汁完成后即可出锅，配上米饭，完成便当。

Tips：适合腌制肉类的调味料

我们在烹饪荤菜的时候，经常会加入调味料先处理腌制一下肉类食材，按“有味使其出，无味使其入”的调味原理，原料通过腌制处理，既有利于烹调，又能令原料去除异味，改善质感，增加美味，改变口感。

常用的腌肉用料

盐

在腌肉时加入盐会使肉的水分外渗，肉里面含的水分越少肉就越老，这样的好处是可以增加肉的保存时间，烹饪时会变得更香；坏处是肉类去水分后会发硬，也就是常说的变老。

白醋

白醋的主要成分为醋酸，适量白醋具有漂白、提鲜、去腻、解腥的作用，还可加快肉料入味。

橄榄油

在腌制的过程当中可以在食材中加入橄榄油，这样可以让橄榄油渗入到肉里面，增加肉质的营养和风味，保持肉的嫩度。橄榄油中含有的多酚类物质具有抗氧化的作用，能使肉质不容易变老，使肉质更加嫩滑。

白糖

腌肉时加入适量白糖，不仅能改善成品的滋味，缓冲咸味，还可以防止肉类褪色，起到保色和助色的作用，赋予肉类特有的鲜美滋味，促进胶原蛋白膨胀，使肉质柔软多汁，增加鲜嫩口感。

迷迭香

迷迭香粉末通常是在菜肴烹调好以后添加少量用来提味，主要用于羊肉、海鲜和鸡鸭类。不但能保护肉不被氧化，而且能使其味道更加鲜美，改善口感，在烤制食物前腌肉的时候放上一些，烤出来的肉就会特别香。

酱油

酱油包括生抽和老抽，前者使用较多，后者用来腌肉可调剂菜肴的色泽和口味。

酒、料酒

白酒一般用于膻味偏重的肉类；啤酒因为含有二氧化碳，所以除了去腥膻，还能使肉品中的纤维变松散，达到软嫩的效果；黄酒会有一种浓香，腌制出来的肉味道也会不一样。

碳酸饮料

用可乐、雪碧这样的碳酸饮料腌制肉类，可以使肉质更鲜嫩，口感更鲜美，还可以去腥。

小苏打

即“小苏打粉”，它可破坏肉质纤维结构，嫩化肉的纤维使肉类吸收水分，从而使肉质松软和膨胀，达到使肉鲜嫩爽滑松软的目的，吃起来口感更嫩滑。

松肉粉

松肉粉的主要成分是从木瓜中提取的“木瓜蛋白酶”，使用后能令肉质松软，但爽滑程度远不及小苏打，故通常与小苏打一起用。

淀粉

腌制肉类时加入少量淀粉可以起到入口软滑的作用，同时又可固定肉质，在烹调时肉质不会收缩。

蛋清

注意，腌肉时用的是蛋清，而不是整个鸡蛋，蛋清是为了烹饪时锁住肉的水分，使肉类的口感变得滑嫩。

Tips: 肉类便当制作 Q&A

肉类是常用的烹饪原料。掌握好肉类的烹制方法，了解烹饪用料的性质特点，对保证菜肴的质量至关重要。在烹饪肉类的过程中常遇到的一些难题，可以通过一些小窍门和小知识解决。

Q1: 咖喱是只有一种还是有多种?

A：咖喱其实并不是特指一种料理，而是“多种香料混合”的意思，东南亚咖喱、印度咖喱、日本咖喱各有不同。印度咖喱对香料的运用应该说是最为复杂的，味道是三大主流咖喱中最为浓重的；日式咖喱比较突出的味道就是甜及醇厚的口感；东南亚咖喱中比较常见的是泰式咖喱，而泰式咖喱又分红绿黄三种：红咖喱用来染色的材料主要是红辣椒，绿咖喱主要是依靠各种绿色的植物诸如青辣椒、罗勒等染色，黄咖喱则是姜黄本身的颜色。

Q2: 如何辨别牛排几成熟?

A：牛排的熟度可以根据牛排的颜色变化，以及在煎制牛排时的温度来判断。一分熟：牛排内部为血红色且内部各处保持一定温度；三分熟：内部为桃红色且带有相当热度；五分熟：牛排内部为粉红色且夹杂着浅灰和棕褐色，整个牛排都很烫；七分熟：牛排内部主要为浅灰棕褐色，夹杂着粉红色；全熟：牛排内部为褐色。

Q3: 不同部位的牛肉有什么区别，口感又有何差异?

A：选购牛肉基本上可以遵循一个原则，也是非常好判断的方法：动少中心嫩。意思就是运动量越少，越远离四肢头尾的部位，肉就越嫩。对于牛而言，它的前肢运动量最大，后肢又比前肢的筋更少，肌肉大块一点。

Q4: 对于不同的肉类如何选择腌制用料?

A：食物在烹炒前腌制就是通过一定的方法和时间，将外在调味料的味道渗入原料当中，使其更入味，按照所用腌料不同，常可分为：盐腌（用途最广，范围最大）、酱腌（如酱肉、酱鸡鸭）、糖腌（如糖冰肉）、酒腌（如鱼虾蟹）。

Q5：培根是肉的某个部位还是人工合成的？

A：培根一词用来指代腌制和烟熏过的猪肉。传统的培根是用猪的某个部位加工而成的，根据肉的部位的不同，培根的种类很多，如：五花肉培根，来自猪五花肉；外脊培根，来自猪背脊肉；猪脸培根，用猪脸腌制和熏制而成的；厚培根，用猪的背部肥肉制成等。

Q6：什么鱼类适合做便当？

A：鲈鱼：只有一根主刺，几乎没有小刺；罗非鱼（非洲鲫鱼）：肉质较粗，不适宜煮汤，适合红烧和烤，只有主刺，没有小刺；马鲛鱼：马鲛鱼生长在黄海和渤海一带，只有一根主刺，少许边刺；龙利鱼：龙利鱼只有一根直刺，无小刺，鱼肉鲜美柔嫩，久煮不老，适合做便当；带鱼：带鱼只有一根主刺和两条边刺，剔掉就好。

Q7：不同部位的猪肉适合做什么菜肴？

A：炒菜用肉一般选择里脊或者梅花肉，肉质极为细嫩，炒制口感好；前腿肉的肉质较老，通常用来卤、腌制或做酱肉；后腿肉要嫩一些，半肥半瘦，皮比较薄，可以做凉拌白肉、回锅肉，后臀尖也同理；五花肉做红烧肉最合适。

Q8：鸡肉如何做才不会柴？

A：一是用小木槌砸一砸，下手不要太重，这样能让鸡肉更容易吸收汤汁；二是加酱汁，浓稠的酱汁可以压住肉类的口感；三是直接把鸡肉做成肉松；四是裹上淀粉油炸，只要不炸太久，口感就不会柴。

Q9：用什么油炒肉最健康？

A：对于不同的人群和生理状态，食用油的选择也不尽相同。婴幼儿时期较推荐大豆油、低芥酸菜籽油和亚麻籽油；青少年和成年人推荐换着油吃，建议以大豆油为主；中老年人（特别是各种高血压、高血脂、心血管病的患者）可以橄榄油和山茶油为主，大豆油、玉米油、花生油都可以，不过要注意用油量，每人每天不超过 25 克；孕妇建议以亚麻籽油、低芥酸菜籽油和大豆油为主。

Chapter 3

全素便当!
再忙碌也能兼顾体内环保

现在越来越多的人会选择某一日进素食，但是由于食材限制，素食者往往都会觉得自己的食谱过于单调。多数时候还可能会因为时间紧张，将便当胡乱、简单地做一做。食材简单并不代表要乱做便当，生活再忙碌也能做出美味健康的素食便当。

杂菜豌豆便当

➡ 炎热的天气可能导致食欲不振，而颜色鲜艳的食物能激发食欲。利用各类营养价值高，且颜色鲜艳的蔬菜来制作便当，不仅不易发胖，而且能吃出健康，在便当盒中看到丰富的食材还能吃出好心情。

用料

西蓝花 1颗
胡萝卜 1根
甜椒 1个
蘑菇 3个
豌豆 适量
番茄 1个
盐 适量
油 适量

Step 1 准备好西蓝花、胡萝卜、甜椒、蘑菇、豌豆、番茄，切块、切丁备用。

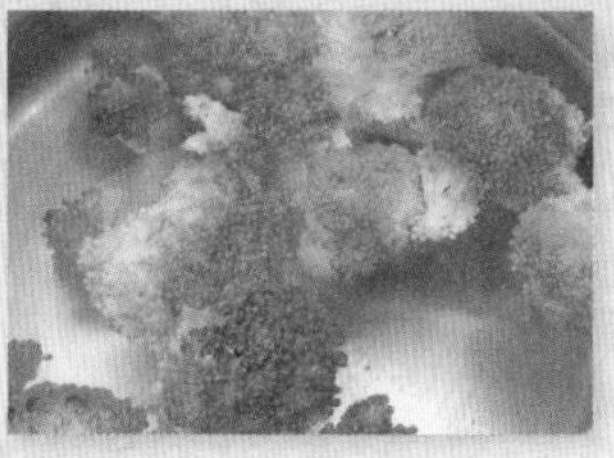

Step 2 用开水灼烫西蓝花1分钟后沥干待用。

Step 3 热锅下油，首先倒入甜椒丁和胡萝卜丁翻炒。

Step 4 翻炒片刻至断生，加入蘑菇片，继续翻炒。

Step 5 加入豌豆继续翻炒，炒至整体色泽偏金黄。

Step 6 随后加入番茄，番茄味可提升整体口感。

Step 7 最后加入已经灼熟的西蓝花，中火继续翻炒片刻。

Step 8 炒至西蓝花松软即可，出锅前加入调味料，即可完成。

椰菜青椒便当

椰菜（即卷心菜、圆白菜）搭配青椒，通过深浅两种绿色的搭配，更能体现出这道便当的清爽。十分适合口味较清淡的人群食用，如果喜食辣，可以选择辣尖椒调味。

用料

椰菜 1颗
青椒 1个
蒜 2瓣
盐 适量
香醋 少许
糖 少许
生抽 适量
油 适量

Step 1 双手洗净，把椰菜撕剥成片。

Step 2 青椒洗净去蒂、去籽后切块。

Step 3 椰菜泡水3分钟左右洗净。

Step 4 热锅下油，油热后放入蒜片。

Step 5 蒜片翻炒出香味后放入椰菜。

Step 6 炒至椰菜微微变色，加入少许盐、生抽和白糖调味。

Step 7 中火翻炒至椰菜变软，加入青椒继续翻炒。

Step 8 起锅前沿锅边倒入少许香醋提味即可。

翡翠豆腐便当

翠绿的莴笋和洁白的豆腐搭配，极佳的配色令人感到非常舒适。十分适合消化不良、大病初愈的人群食用。莴笋在烹饪前，用少许盐混匀后腌制几分钟，洗净后再下锅翻炒，即使是多次反复加热或闷在便当盒中也不会发黄变软。

用料

豆腐 250 克
莴笋 1 根
姜 少许
蒜 3 瓣
盐 适量
油 适量

Step 1 准备莴笋一根、豆腐一盒、蒜 3 瓣及生姜。

Step 2 莴笋刮皮洗净，切成菱形块，姜蒜切成末。

Step 3 豆腐切成方块，热锅下油，待油热后下豆腐，小火慢煎。

Step 4 少油小火将豆腐煎成金黄色，盛出备用。

Step 5 热锅倒油，爆香姜末、蒜末，加入莴笋块翻炒。

Step 6 中火翻炒莴笋至 7 分熟，随后放入豆腐继续翻炒。

Step 7 出锅前根据个人口味加入盐进行调味。

Step 8 加入少量鸡精调味，继续翻炒片刻后即可出锅。

秋葵玉笋便当

秋葵含有极其丰富的维生素和纤维，加上清香鲜美的口感，令秋葵成为众多爱美人士的首选食物之一。搭配干笋提鲜提味，令这道便当味道清新，滑润而不腻。

用料

秋葵 200克
笋干 200克
蒜 1瓣
水淀粉 少许
盐 适量
油 适量

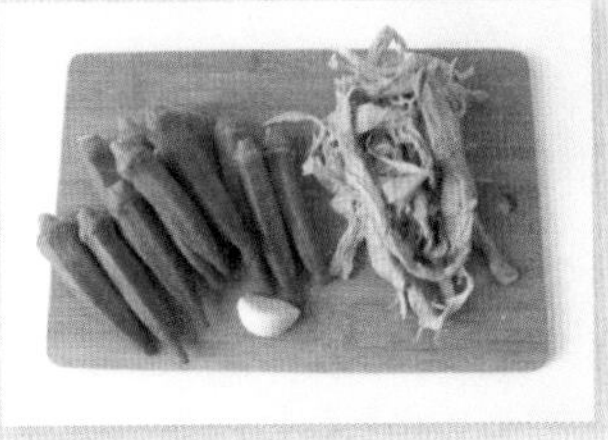

Step 1 准备食材，秋葵、笋干、蒜一瓣。

Step 2 笋干放入凉水中浸泡1~2小时使其变软，洗净后切成小块。

Step 3 秋葵洗净去蒂，切成菱形。

Step 4 锅热后放油，放蒜末爆出其香味。

Step 5 锅内加入笋干翻炒均匀，并加盐调味。

Step 6 为了使笋干的口感更佳松软，可盖上锅盖焖一会儿。

Step 7 放入秋葵，快速翻炒，秋葵会出现拉丝的状态，太干可加少许清水。

Step 8 放盐调味，淋少许水淀粉，翻炒均匀即可出锅。

藕片枸杞便当

莲藕清脆爽口，在吃多了油腻的肉类食物后，不妨来点小清新的菜色，解解腻，清清肺。最好选择脆嫩的当季鲜藕，切片是最常见的做法。若见惯了切片，不妨尝试竖条形切丝，更适口一些。另外，枸杞提前泡发味道更好。

用料

莲藕 250克
枸杞 10克
姜 少许
白醋 少许
盐 少许
糖 少许
水淀粉 少许
油 适量

Step 1 准备食材，莲藕一节、枸杞10克、姜少许。

Step 2 莲藕去皮切薄片，姜去皮切成末备用；盐、白醋、糖、水和生粉混合做成调料汁备用。

Step 3 莲藕含淀粉较多，藕片可用清水淘洗浸泡10分钟，这样可使烹制出来的口感更爽脆。

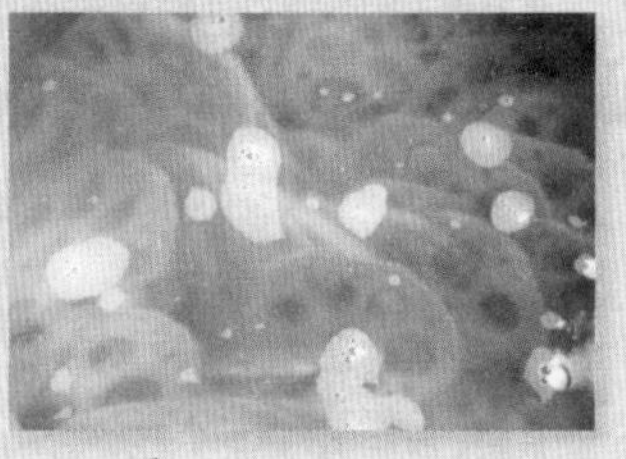

Step 4 沸水煮莲藕3分钟再放入枸杞煮1分钟。捞起藕片和枸杞，沥干待用。

Step 5 中火热锅，放少量油，姜末爆香。

Step 6 待姜末爆出香味后，倒入藕片和枸杞继续翻炒。

Step 7 藕片翻炒至7分熟时，淋入调料汁翻炒均匀。

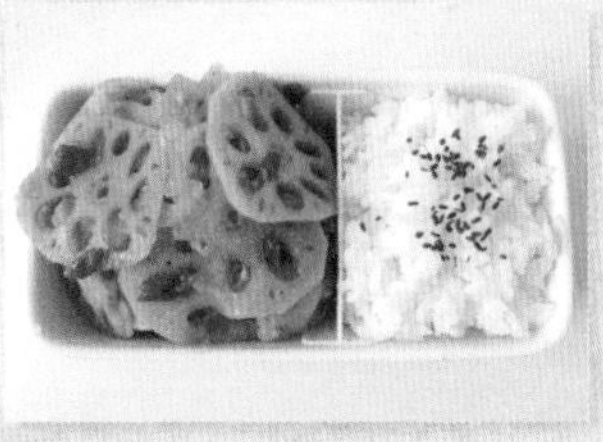

Step 8 转小火慢慢收汁，收汁后即可出锅。

杂菌山药便当

菌类以其独特的鲜美味道和嫩滑的口感受到众人的喜爱。制作这道便当所用的食材需提前用沸水焯烫断生，再大火入锅翻炒，这种方法能在加热便当后，杏鲍菇和山药仍能保持绝佳口感。

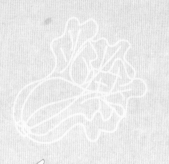

用料

山药 1根
杏鲍菇 1个
鲜香菇 4个
胡萝卜 1根
生抽 适量
糖 少许
油 适量
黑胡椒粉 少许

Step 1 准备好胡萝卜、杏鲍菇、山药、鲜香菇。

Step 2 山药去皮洗净，切滚刀块。

Step 3 杏鲍菇、香菇、胡萝卜洗净切片待用。

Step 4 热锅下油烧至五成熟，下所有食材。

Step 5 中火翻炒片刻，炒至香菇山药渐渐变软。

Step 6 加入生抽和糖继续翻炒，杏鲍菇的颜色会偏黄。

Step 7 加入适量水，煮至山药的口感变粉。

Step 8 撒上适量黑胡椒粉，大火收汁即可出锅。

茄子杂豆便当

添加了杂豆不仅让茄子的颜色变得丰富多彩起来，更能大大提升营养价值，还能增加饱腹感，是最适合女性白领的素食便当。此外，杂豆和茄子的搭配不易串味，在密闭的便当盒中也能保持味道独立。

用料

茄子 1个
洋葱 半个
胡萝卜 1根
豌豆 少许
玉米粒 少许
生抽 适量
油 适量

Step 1 茄子、洋葱、胡萝卜、豌豆、玉米粒洗净备用。

Step 2 茄子切细条，洋葱切块，胡萝卜切粒，茄子用细盐腌一下待用。

Step 3 热锅下油，待油热后先下洋葱，慢炒至洋葱出香味。

Step 4 洋葱出香味后倒入事先腌过的茄子条，继续翻炒。

Step 5 大火翻炒至茄子半熟，期间注意锅内是否太干，可适当加水。

Step 6 翻炒均匀，然后加入胡萝卜粒、豌豆和玉米粒，继续翻炒。

Step 7 翻炒过程中淋适量生抽调味，撒盐提味。

Step 8 待生抽炒匀，茄子变色后即可出锅。

芹菜百合便当

这道便当做法简单，只需依照食材的易熟程度，依次放入锅中翻炒，就能将这道便当做好。另外，西芹味道较为独特，亦可选择香芹，味道清新芳香而不冲鼻。

用料

西芹 1棵
百合 50克
胡萝卜 1根
盐 适量
油 适量

Step 1 准备食材，西芹、百合、胡萝卜。

Step 2 将西芹，拉去茎丝，洗净切段焯水。

Step 3 百合和胡萝卜分别切成小片待用。

Step 4 热锅下油，先放入胡萝卜翻炒 1 分钟。

Step 5 倒入西芹继续翻炒 1 分钟。

Step 6 最后加入百合继续翻炒 1 分钟。

Step 7 出锅前加盐，继续翻炒几下保证均匀。

Step 8 待芹菜百合炒熟入味，即可出锅。

四季豆椒香便当

青翠的四季豆中点缀些许鲜红的辣椒，经过热油的烹调，更显颜色艳丽鲜亮，即使多次加热也不易变味。但切记，因四季豆的特性，要将其彻底炒熟后才可食用，以避免食物中毒。

用料

四季豆 250 克
花椒 少许
鲜辣椒 3 个
蒜 3 瓣
油 适量

Step 1 准备食材，四季豆、花椒、鲜辣椒及蒜。

Step 2 四季豆拨茎、折段，泡水洗净。

Step 3 蒜瓣剥皮切片，鲜辣椒洗净切片待用。

Step 4 将洗好的四季豆从中切开，切成条状。

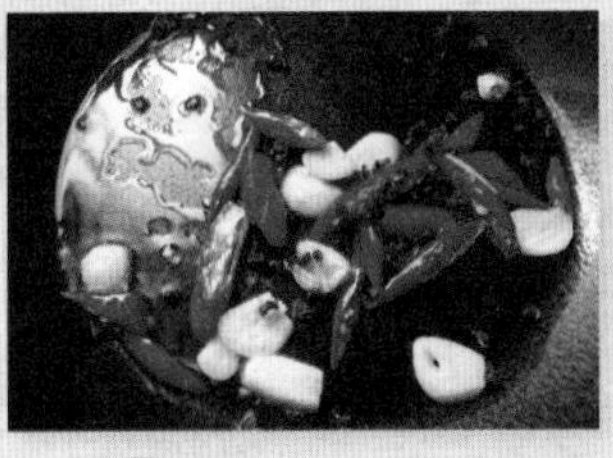

Step 5 热锅下油，油热后将蒜和辣椒爆香，再倒入花椒。

Step 6 炒出配料的香味后加入四季豆，继续大火爆炒。

Step 7 出锅前加盐调味后继续翻炒，保证充分入味。

Step 8 待四季豆颜色变深熟透即可出锅。

Tips：适合做便当的素菜食材

多吃蔬菜能帮助身体排除毒素、控制体重、改善容颜，还对补钙健骨有促进作用。这些好处都是主食、肉蛋、海鲜所不能替代的。但同时，一份便当从做好到食用，可能会经过很长时间，食材烹饪不当或选择错误，容易使这些食材变质。因此，应正确选择便当食材，让你的便当不会因长时间等待而变质。

葱姜蒜都可延缓食物变质

姜丝、大蒜、葱等调味料有助于杀菌消炎，非常适合上班族放在便当里，可以有效抑制某些细菌的滋生。在食用便当时配上一点姜汁、蒜泥、生葱、柠檬汁等，可阻断致癌物的形成。

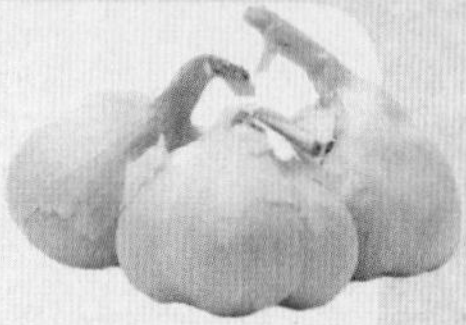

瓜类蔬菜便当最佳选择

在所有蔬菜中，叶菜的硝酸盐含量最高，而瓜类蔬菜最安全。因此，黄瓜、西葫芦、南瓜、冬瓜、苦瓜等都是好选择。瓜类蔬菜不但有害物质少，口感和颜色容易保持，维生素的损失也比绿叶菜少。

笋类食材做便当丰富又美味

笋是竹子从土里长出的嫩芽，其味道清香鲜美，经常用来做菜，被视为菜中珍品。但是笋不能生吃，单独烹调时有苦涩味，味道不好，将其与其他食材同炒则味道特别鲜美。竹笋可做汤，也可烧菜，能做出许多美味佳肴。

豆荚类食物适合做便当

豌豆、甜豆、荷兰豆等食物本身营养丰富，再加热也不会影响其色香味。

茄果类蔬菜堪称便当好伴侣

尽量选择茄子、胡萝卜、蘑菇、土豆等烹饪后水分较少不容易变质，而且更适合微波炉加热的食材，它们都非常耐加热，加热两三次问题都不大。避免选择番茄、绿叶菜等不能多次加热或者汤汁较多的食材。

玉米是素食便当的黄金食材

玉米是粗粮中的保健佳品，对人体健康颇为有利。玉米中的维生素 B_6、烟酸等成分，具有刺激胃肠蠕动、通便的特性，可防治多种疾病，有长寿、美容之作用；玉米胚尖所含的营养物质有增强人体新陈代谢、调整神经系统的功能；有使皮肤细嫩光滑，抑制、延缓皱纹产生的作用；还有调中开胃及降血脂、降低血清胆固醇的功效……具有众多功效的玉米绝对是素食便当的黄金食材。

薯芋类食材既果腹又减重

薯芋类蔬菜具有可食用的肥大多肉的块根、块茎，如马铃薯、甘薯（番薯、山芋）、芋头、山药等。薯类的维生素含量都比较丰富，其蛋白质质量比大部分蔬菜要好。薯类最与众不同的营养特点是其含有较多淀粉，含量为 10% ~ 25%。正因为如此，薯类可用于代替粮食来提供热量。换言之，薯类兼具蔬菜和粮食的特点，既是粮食，又是蔬菜，是素食便当的理想食材。

菌类食物四季皆宜

蘑菇、黑木耳、香菇、金针菇等都是很好的菌类食物，它们口感细嫩，风味特殊，补气血、防癌症、治便秘、清肠胃、减体重，如此营养食材，不管是清炒后微波再加热，还是凉拌，都是四季皆宜的便当餐点。

Tips：全素便当制作 Q&A

一般选择带便当的人群，较为注重饮食安全和健康，带素食便当的人更甚。正是因为清爽健康的素食能够为身体带来另一种新鲜感受，因此，也更应该注意素食食材的烹饪。常见的蔬菜素食烹饪小技巧和窍门，能够迅速帮你掌握全素便当制作方法。

Q1：隔夜的熟鸡蛋可以吃吗？

A：若鸡蛋没有完全熟透，在保存不当的情形下，未熟的蛋黄隔夜之后，容易滋生细菌，因此会有害健康。但是如果鸡蛋已经熟透，而且以低温（普通冷藏的温度）密封保存得当，一般可以保存48个小时。

Q2：金针菇能否被人的消化系统消化？

A：金针菇富含大量的膳食纤维（包括几丁质，是一种动物性膳食纤维，是某些真菌细胞壁的组成部分），不易被人体消化吸收。不易和不能是有区别的。金针菇干菇中蛋白质含量达30%，至少这部分是可以被人体所消化吸收的。

Q3：如何快速把豆煮软？

A：对于比较坚硬的豆类食材，必须提前一天泡才容易软烂。如果临时要吃，来不及泡，可以试试将湿豆直接放入锅中，锅里不加油“干炒”至水汽冒出，豆子外面的水分炒干后，再加少许水翻炒。重复2~3次，只需5分钟，就可以加水熬煮。注意炒时要用小火，加水不要多，200克豆子每次加30毫升水即可。加水要用温水或热水，以便迅速形成水蒸气。

Q4：如何能把土豆快速煮软？

A：要想使土豆熟透，一般需要将其放入95℃~99℃的水中煮15分钟，其中心才会熟透。判断是否熟透，可以将牙签插入土豆中，拿起来的时候土豆若掉下去，说明其中心已经软了。如果想让土豆快速熟透，就使用高压锅吧。

Q5：除了放酒，还有其他避免青菜变黄的方法吗？

A：青菜在炒的过程中不变色的关键就在于要放入少量的小苏打，这样哪怕炒的时间长些也不容易变黄。当然量不能加多，否则会影响口感。如果青菜炒好之后要放一阵才吃的话，可以在出锅的青菜上面滴些香油，这样青菜也能够较长时间保持翠绿的颜色。

Q6：怎么煎豆腐不粘锅？

A：不同种类的豆腐适合不同的烹调方式，煎豆腐应该选择质地比较坚实、质感稍微粗一些的豆腐，煎豆腐前务必把锅洗干净，任何污浊都会成为黏着点。在煎的过程中，油不一定需要太多，但锅底要足够热，中火即可，这样既能使豆腐表层迅速焦脆，又能封住豆腐中的水分，保持其内部的嫩滑。

Q7：如何让切开后的丝瓜或茄子不变色？

A：丝瓜和茄子这类蔬菜在切开后很容易氧化变色，炒出来的菜也会变得不好看，想要保持此类蔬菜的色泽，方法其实很简单。丝瓜去皮切成大块后，放在一个大碗里，然后撒上一些盐，抓匀，再放一会儿丝瓜也不会变黑了。切开的茄子在下锅前先用盐水泡，不但可以防止茄肉发黄，成品的色泽也会比没泡过盐水的更为艳紫，并且不会破坏茄子中的营养物质。要记住的是放过盐的蔬菜再炒时就不能按正常的量再放盐了。

Q8：为什么过夜的韭菜不能吃？

A：韭菜含有多种营养成分，对人体健康十分有利，还具有增进食欲和促进新陈代谢的功效。但韭菜也含有大量的硝酸盐，炒熟后存放时间过久，硝酸盐也可转化成亚硝酸盐，人吃了以后会中毒，儿童尤甚。因此炒熟的韭菜忌过夜食用，另外生韭菜存放时间也忌过长。

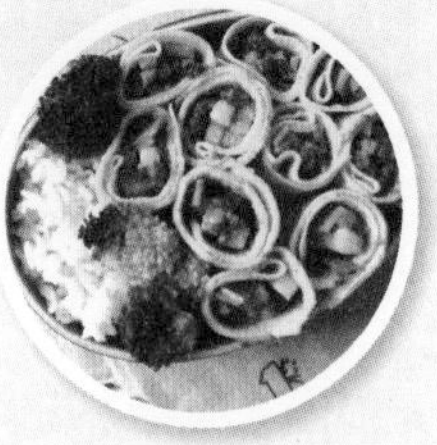
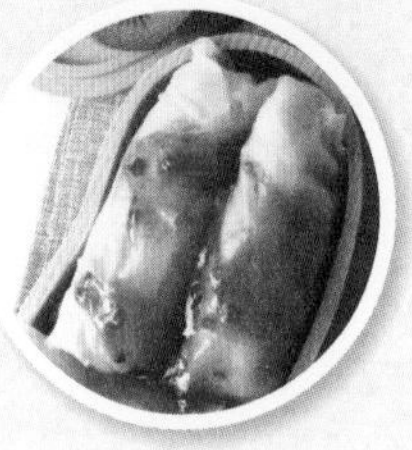

Chapter 4

一口便当！卷一卷美味便当口口香

卷类便当永远是便当中的经典之作。不仅容易吞咽，一口一个带来的享受更是过瘾。便当卷用到的食材丰富多样，搭配肉类不会过于油腻，单纯的蔬菜卷也不会显得单调，即使不做主食，休息的时候拿来解馋也是很棒的选择！

肥牛金针卷便当

不要以为肥牛只有涮锅最好吃，肥牛与金针菇的搭配，放入便当中依旧可口！做法多样，花样翻新，口味多变。无论怎样变换味道，软嫩的肥牛包裹着脆韧的金针菇，一口一个，享尽美味。

用料

金针菇 200 克
肥牛 200 克
蚝油 少许
蒜 3 瓣切成末
油 适量

Step 1 准备食材，金针菇、肥牛。

Step 2 将金针菇尾部切整齐，泡在清水中洗净。

Step 3 把肥牛稍微解冻，将其平铺在砧板上。

Step 4 把金针菇铺在肥牛片上卷起来，一片肉不够可多用几片。

Step 5 热锅下油，油少许，油热后把卷放到锅里，小火慢煎。

Step 6 小火煎至肥牛变色，且金针菇变软，注意金针菇尾部比较厚的地方也要变软。

Step 7 把蚝油和蒜末加少许水拌匀，淋在肉卷上焖一会儿。

Step 8 待焖出酱汁香味，肉卷入味，即可出锅。

杂菜培根卷便当

炎炎夏日里没有胃口怎么办？清凉的杂菜最合适不过了。爽口的下饭菜放入便当中，就能饱餐一顿。这种便当最适合夏季，或在没有加热条件时食用。

用料

培根 250 克

金针菇 200 克

火腿 100 克

黄瓜 1 根

红黄彩椒 各 1 个

生菜 100 克

橄榄油 适量

Step 1 将火腿、黄瓜和红黄彩椒均匀切丝。

Step 2 沸水灼烫金针菇至熟，捞出金针菇，沥干水分待用。

Step 3 热锅下少许油，将切好的火腿、黄瓜和红黄彩椒入锅翻炒至半熟后盛出待用。

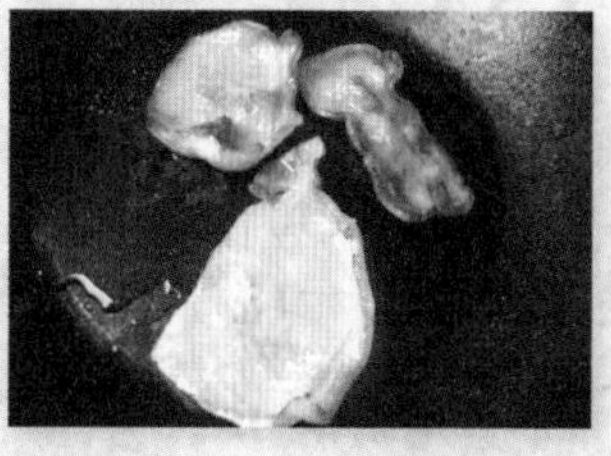

Step 4 选择平底锅，在锅底刷一层橄榄油，放入培根，小火煎至变色，煎至油脂渗出。

Step 5 取一片生菜平铺，上面放入适量的红黄彩椒丝、黄瓜丝和火腿丝，用生菜卷起。

Step 6 再用煎好的培根卷起包好的蔬菜卷，注意培根烫手，稍微冷却再用。

Step 7 用牙签固定肉卷末端，防止肉卷散开的同时，也方便进食。

Step 8 放入便当盒，即可食用。

菠菜海苔卷便当

想把普通的青菜做出新意？那就试着在家自己动手做出美味的创意料理吧！制作简单、外形美观的海苔卷，会让你的便当充满新意与乐趣。

用料

菠菜 250 克
海苔 2 张
火腿 100 克
甜面酱 少许
白芝麻 少许

Step 1 准备食材，菠菜、海苔、火腿。

Step 2 热水将菠菜烫熟，无需久烫，熟后立即捞起。

Step 3 盛出烫熟的菠菜，将多余水分滤掉。

Step 4 再把菠菜放入凉水中，将其冷却。

Step 5 将冷却后的菠菜捞出，沥干水分，海苔平铺，分别摆上菠菜与火腿条，撒上白芝麻。

Step 6 根据个人口味涂上酱料，卷成海苔卷。

Step 7 将海苔卷切成大小均匀的小段。

Step 8 将切好的海苔卷摆放入便当盒，放入米饭，便当制作完成。

洋葱火腿卷便当

洋葱、火腿与奶酪的搭配可谓创意十足。看起来完全不搭调的三者，结合起来竟产生如此美味，便当一族们不妨尝试一下。

用料

火腿 200克
洋葱 1个
胡萝卜 1根
奶酪 200克
黑胡椒 少许

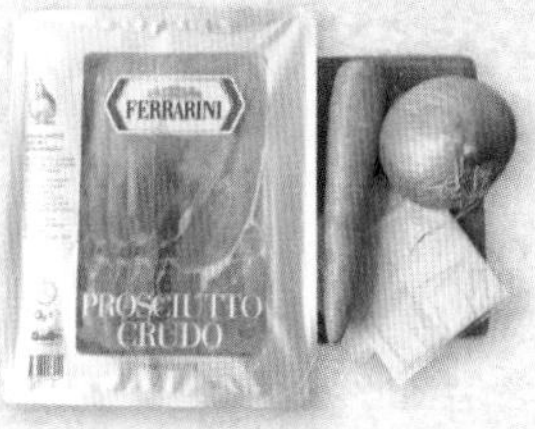

Step 1 准备食材，火腿、洋葱、奶酪、胡萝卜，并将洋葱和胡萝卜切丝。

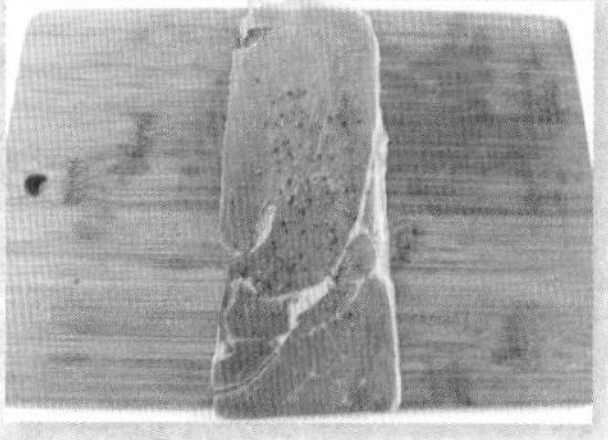

Step 2 在案板上平铺火腿，均匀撒上黑胡椒碎。

Step 3 将奶酪片切半，摆在火腿上；再铺上洋葱丝和胡萝卜丝。

Step 4 小心卷起，卷起的过程中保证卷内食材分布均匀。

Step 5 按照相同方法，根据个人食量多做几个火腿卷。

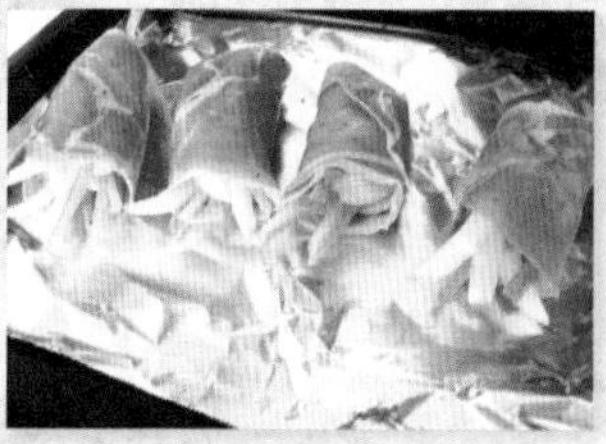

Step 6 打开烤箱，在烤盘内平铺上锡纸，再放入火腿卷。

Step 7 用200℃烤10分钟。

Step 8 烤好的火腿卷出箱装盘，配上米饭，完成便当。

什锦鸡肉卷便当

鸡肉有极强的食材包容性，几乎所有的食材都能够与鸡肉相搭配。选择自己喜欢的坚果仁或蔬菜，让鸡肉的鲜美融入其中，也令蔬菜果仁的新鲜香气浸透鸡肉，香气相融，会令这份便当大放光彩。

用料

鸡腿 1个
核桃仁 少许
玉米笋 3根
胡萝卜 1根
芦笋 150克
葱 4根
蜂蜜水 少许
盐 适量
黑胡椒碎 少许

Step 1 将芦笋、胡萝卜、香葱和玉米笋切成均等的条状，在油盐水中焯一下后过凉水待用。

Step 2 鸡腿洗净沥干去骨，把比较厚的部位切薄，尽量使整个鸡腿的厚度一致。

Step 3 在鸡腿肉两面抹盐，用手揉搓一会儿使其更易入味，揉搓完再撒一些黑胡椒碎腌制。

Step 4 把鸡腿肉铺开，将准备好的蔬菜沥干后与核桃仁一起整齐地摆放到鸡腿肉中间。

Step 5 小心地用鸡腿肉卷起蔬菜，并用棉线绕紧绑好。

Step 6 烤箱预热200℃，平铺锡纸，在鸡腿卷表面刷一层蜂蜜水，上下火烤25分钟左右。

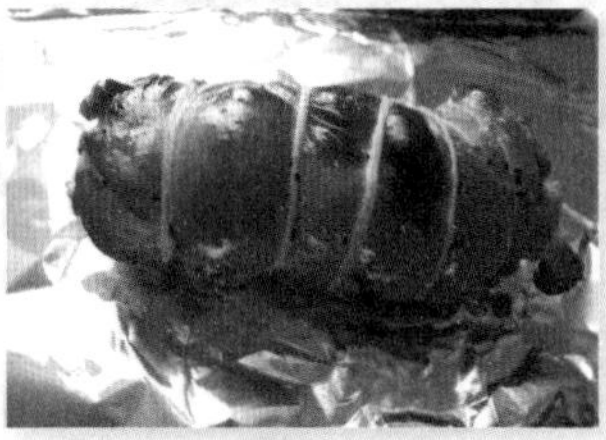

Step 7 烤制期间可以拿出1~2次重复刷上蜂蜜水，直至表面呈金黄色。

Step 8 取出烤好的鸡腿卷放凉，剪去棉线，切成合适的厚度，完成便当。

美味豆皮卷便当

将时蔬切丝焯烫断生，卷入豆腐皮中煎炸，满满的美味融入其中。若感觉素食过于单调，可以加入火腿丝、肉丝等荤食点缀。

用料

绿豆芽 200克
胡萝卜 1根
小黄瓜 1根
豆腐皮 3张
油 适量

Step 1 准备食材，绿豆芽、胡萝卜、小黄瓜、豆腐皮，并将胡萝卜和小黄瓜切丝。

Step 2 将绿豆芽、小黄瓜丝和胡萝卜丝用开水灼烫约1分钟。

Step 3 盛出烫熟的蔬菜，沥干水分待用。

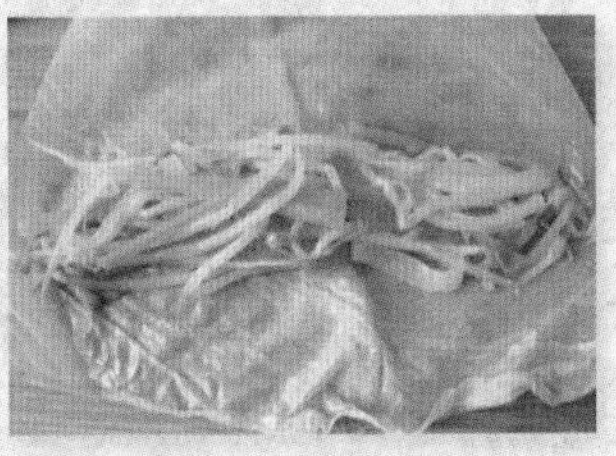

Step 4 将豆腐皮平铺在案板上，对切至合适的宽度。

Step 5 把蔬菜平铺到豆腐皮上，再将豆腐皮卷成长条形。

Step 6 热锅倒油，待油热后把卷好的豆腐皮卷放入锅中。

Step 7 小火慢煎至两面呈金黄色即可出锅。

Step 8 将煎好的豆腐皮卷切段，淋上酱料即可。

肉臊蛋卷便当

鸡蛋是制作卷皮的常见材料之一，在面粉中加入鸡蛋，更能使卷皮变得劲道强韧。同时使用鸡蛋和肉臊，在便当盒闷热的条件下长时间放置可能会让其味道变得腥臭，因此加入黄瓜等清香蔬菜更显清爽，同时也可以解腻。

用料

鸡蛋 2个
面粉 200克
水 适量
肉臊 适量
火腿片 200克
胡萝卜 1根
黄瓜 1根
盐 适量
油 适量

Step 1 将火腿片、黄瓜、胡萝卜切成均等的条状待用。

Step 2 面粉加水调成面糊，加入打匀的鸡蛋液，再加少许盐搅拌成均匀的面糊。

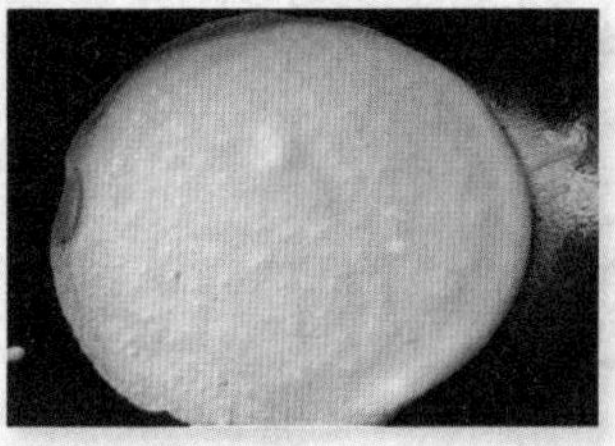

Step 3 给平底锅刷上一层薄油，小火热锅后倒入适量面糊，趁面糊尚未凝固前，用手腕转动锅，使之成为均匀的圆形蛋饼。

Step 4 当蛋饼表皮开始凝固时，把其翻面，煎至两面呈金黄出锅。

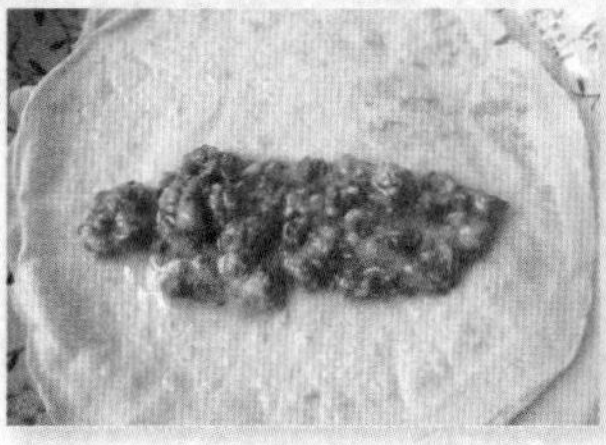

Step 5 将煎好的蛋饼平铺，在蛋皮中部均匀铺上肉臊。

Step 6 在肉臊上铺上火腿、胡萝卜和黄瓜。

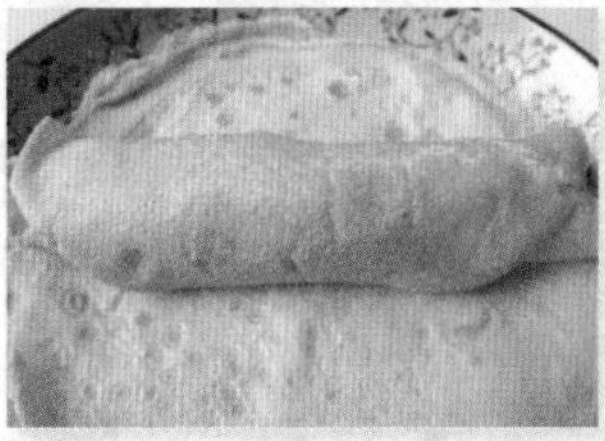

Step 7 用蛋饼把肉臊及蔬菜都卷起来，蛋皮易破，卷时注意力度。

Step 8 将卷好的蛋卷切段装入便当盒，配上米饭，完成便当。

越式春卷便当

皮薄馅多、甘甜清香的越式春卷，搭配上酸酸甜甜的越南特色番茄酱，便是夏天开胃的特色便当。制作过程简单方便，特别适合在夏天食用，并且十分适合无加热条件的工作环境。

用料

虾 250克
生菜 200克
熟芒果 1个
胡萝卜 1根
黄瓜 1根
越南春卷米皮 少许
番茄酱 少许

Step 1 准备食材，虾、生菜、熟芒果、胡萝卜、越南春卷米皮、黄瓜、番茄酱。

Step 2 生菜剥片后切条，芒果、胡萝卜、黄瓜分别切条待用。

Step 3 将虾去壳去线，烧一锅热水，放入虾，轻轻搅动让其受热均匀、灼熟。

Step 4 春卷皮易碎，所以需要在折的地方抹点凉开水，铺到案板上，1分钟后把所有食材均匀铺在春卷皮上。

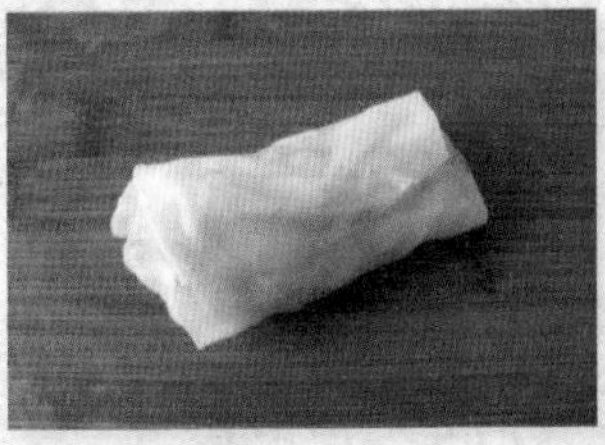

Step 5 小心将春卷皮卷起来，卷到四分之三的时候把春卷两端叠进来，继续卷完。

Step 6 按照相同方法，根据个人食量多做几个，卷不用太厚，以可以透出食材颜色为好。

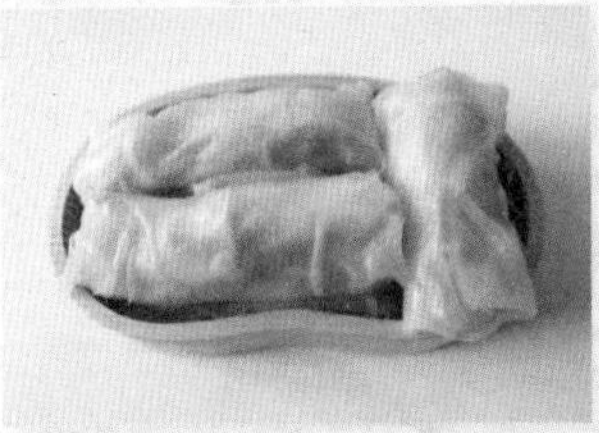

Step 7 将卷好的春卷放到碟子或碗里。

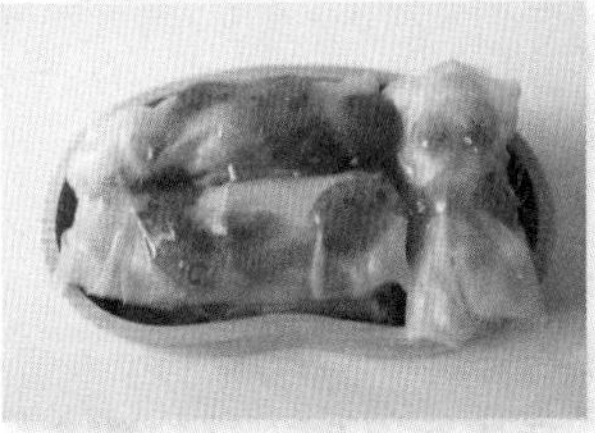

Step 8 根据个人口味浇上番茄酱，完成便当。

鸡汁白菜卷便当

➡ 菜的甜味跟香喷喷的肉汁紧密融合，绝对是一款受欢迎的便当。制作过程简单，将食材准备好后入锅蒸熟即可，不需要时刻翻炒和关注火候，是适合上班族利用空闲时间制作的便当。

用料

白菜叶 200克
肉末 200克
葱 1根
蚝油 少许
鸡精块 少许
胡椒粉 少许
淀粉 少许
香油 少许

Step 1 将白菜去帮，胡萝卜切丁，葱切小段。

Step 2 烧一锅沸水，将切好的白菜叶入锅灼软，再捞出泡在凉水中冷却。

Step 3 将葱段和胡萝卜丁加入肉末中，混合蚝油、淀粉、胡椒粉和香油，拌匀。

Step 4 取一片白菜叶，平铺在案板上，在菜叶中心铺适量肉馅。

Step 5 按四方的手法卷起白菜，卷到半圈时把左右两边的白菜叶往里折。

Step 6 把肉馅全部用白菜叶卷好，根据个人食量可多做几个。

Step 7 开水上蒸锅，大火蒸8分钟即可，期间白菜出汁比较多，可先留住白菜汁。

Step 8 在白菜汁中加入鸡汁，小火勾芡后淋在蒸好的白菜卷上即可。

鲜虾蛋皮卷便当

鸡蛋和鲜虾的味道相融相辅，高蛋白食物能够迅速补充身体能量，用微波炉加热也不会影响口感，依旧软嫩。餐后搭配酸甜口味的水果更是一个不错的选择。

用料

大虾 250 克
鸡蛋 3 个
胡萝卜 1 根
面糊 少许
盐 适量
黑胡椒粉 少许

Step 1 将虾洗净后去虾壳与虾线。

Step 2 将处理过的虾和胡萝卜切碎，鸡蛋打入碗中打匀待用。

Step 3 将虾仁剁成泥，加入胡萝卜碎，再加入盐和黑胡椒粉拌匀。

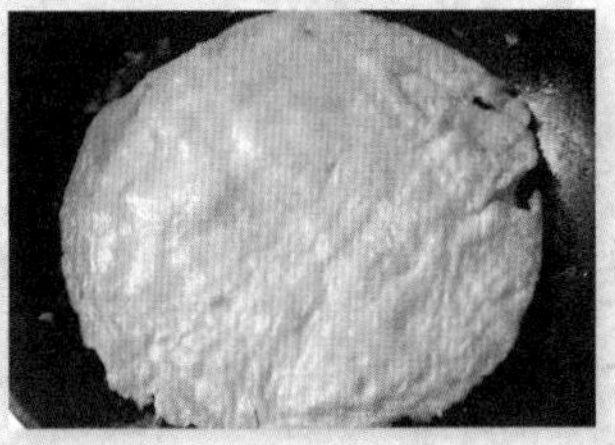

Step 4 蛋液加少许盐，热锅内倒入油少许，倒入一半蛋液，稍微凝固后翻面，待两面凝固后出锅。

Step 5 为了方便卷入食材，将蛋皮切成四方形。

Step 6 把切掉的边角剁碎加入馅里拌匀，在蛋皮上刷一层面糊，摊上虾馅，压平。

Step 7 将蛋皮卷起，注意馅的厚度，过厚的馅可能会溢出。

Step 8 把蛋卷放入蒸锅，蒸上 10 分钟后切块即可。

Tips: 卷类菜品制作 Q&A

不管是在餐桌上还是打包即食的快餐店，卷类菜品一直经久不衰。不管是墨西哥的鸡肉卷、韩国的生菜卷，还是越南的春卷，食材与酱汁在卷皮的包裹下，轻轻一口咬下去，带来的却是多重口味的组合享受。对于卷类菜品制作中的小技巧，你又了解多少呢？

Q1：海苔放久后有什么让海苔变脆的方法？

A：冰箱冷藏是让海苔变脆最简便的方法，将受潮了的海苔用干净的薄膜袋包好放在冰箱的冷冻层，四五个小时以后拿出来，记得包海苔的时候不能有水，这样海苔就会恢复酥脆。也可以将海苔少量多次地放进微波炉里，用最低的温度加热，掌握好火候，干燥后的海苔依然干脆，但加热时间要多注意，注意别弄糊。

Q2：春卷的皮怎么做？

A：将面粉 500 克放入盆中，加盐 5 克、清水 400 克，反复搓揉至面团筋力十足，用手提起面团，面团不掉即可。再将面团饧 2~3 小时，取一平锅放在火上（锅内切不可放油），烧制五成热时，用手提起面团使面团在平锅底部旋转一圈，提起面团，待锅中面饼成熟，用手揭下即可（春卷皮直径为 15~20 厘米）。

Q3：肥牛片怎么选？

A：一是要摸弹性，新鲜肉有弹性，指压后凹陷立即恢复；次品肉弹性差，指压后凹陷恢复很慢甚至不能恢复；变质肉无弹性。二要摸黏度，新鲜肉表面微干或微湿润，不粘手；次新鲜肉外表干燥或黏手；变质肉外表极干燥，严重黏手。三看肉皮有无红点，无红点的是好肉，有红点的是次肉。

Q4：如何选择一块品质好的培根？

A：若培根色泽鲜明，肌肉呈鲜红或暗红色，脂肪透明或呈乳白色，肉身干爽、结实、富有弹性，并且具有培根应有的熏肉风味，就是优质培根。反之，若肉色灰暗无光、脂肪发黄、有霉斑、肉松软、无弹性，带有黏液，有酸败味或其他异味，则是变质的或次品。

Q5：豆腐皮和千张的区别是什么？

A：千张属于豆制品类，是一种薄的豆腐干片。它是用特别的机器压制而成，出品时看起来像由千百张叠在一起，故称千张。豆腐皮是豆浆煮沸后表面的薄膜，晒干后可以炒着吃，凉拌吃，煮着吃。豆腐皮卷起来以后就变成另外一种食材，即腐竹。

Q6：怎样做好蛋皮？

A：首先鸡蛋液一定要打匀，鸡蛋里可以加少量水，或者加些淀粉，这样会使鸡蛋口感更好；其次，油量要控制好，两个蛋用小半汤勺油即可；蛋液倒入锅中后，两侧出现固体蛋皮时，用铲子去翻面的时候要要尽量深入蛋皮底部并居中，动作不要过于用力，但要快，将蛋皮翻转即做好蛋皮。

Q7：卤肉臊中为什么要加入糖色？

A：卤肉臊时加入糖色的目的在于增加卤肉的色泽，这样就不必再加很多酱油来着色，味道又不会太咸，卤汁的甜度更有层次（糖色是烹制菜肴的红色着色剂，烹制红烧鱼、酱鸡鸭、卤酱肉，使用糖色后成菜红润明亮，香甜味美，肥而不腻）。

Q8：卤肉臊一餐未吃完，怎么才能保持它的新鲜和原味？

A：煮滚的卤肉臊不可立即放进冰箱储存，否则会因温差太大而损害冰箱，还会影响食物的保鲜。卤肉臊煮滚后要放凉，降至室温后才可放进冰箱保存。未吃完的卤肉臊卤汁，应彻底分开肉和汤将它们各自放进冰箱中保存，这样可稳定双方的品质，也方便第二次加热。

Q9：怎样挑选结球的大白菜？

A：结球的大白菜，一般挑白色的，因为白色的大白菜会甘甜一些，口感好。如果是青色的白菜，那么口味就不同。尽量挑个儿大的大白菜，因为其可食用的叶茎多。同时，个儿大的白菜，积累的养分多，生长也比较好。外表也是很重要的一点，一般要挑卷得密实的大白菜，同时也要看看根部，根部要小一点，因为大白菜的根是不能吃的。

Chapter 5

蒸品便当！随身携带健康烹调理念

蒸品是初学者也能轻易学会的菜肴。只需备齐食材，放入蒸盘中，加上配料佐料，估算好时间就可以了。省时省力，还不用费心思去掌控火候和翻动食材。十分适合上班族制作便当。

清蒸排骨便当

清蒸排骨是一道连初学者都能轻易学会的菜肴，把东西切一切，丢进容器，加上配料，蒸熟就可以啦，是不是很简单呢？

用料

排骨 500 克
葱 1 根
蒜 5 瓣
姜 1 块
生抽 适量
油 适量
生粉 少许
糖 少许
盐 少许

Step 1 准备食材，排骨、蒜、姜、葱。

Step 2 排骨洗净切成小块，蒜切成泥，姜切丝待用。

Step 3 倒入适量的油、生粉、盐和生抽，混合姜蒜搅拌均匀，腌制排骨一段时间。

Step 4 蒸锅烧水，待蒸锅的水完全沸腾，把腌制好的排骨装盘放进蒸锅。

Step 5 中火蒸 10~15 分钟即可关火。

Step 6 在蒸好的排骨上撒上葱花，提香的同时还起到装饰的作用。

Step 7 从蒸锅中拿出蒸碗，小心烫手。

Step 8 装入便当盒，配上米饭，完成便当。

葱花蒸蛋便当

鸡蛋蒸煮能完全保留蛋的营养。其中，蒸蛋口感更为滑嫩，更适口。如果觉得便当中只有蒸蛋过于单调，可以在制作过程中，用温牛奶代替温水，使蛋味更加鲜美。

用料

鸡蛋 3个
葱 1根
盐 适量
酱油 适量
油 适量
温水 少许

Step 1 准备食材，鸡蛋和葱，并将葱洗净切好。

Step 2 将鸡蛋打散，加入盐、少许酱油和油，打匀。

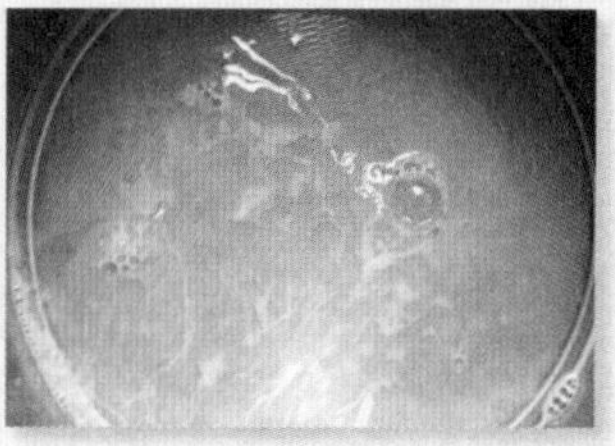

Step 3 在蛋液里加入温水，搅拌均匀，用筛网过滤。

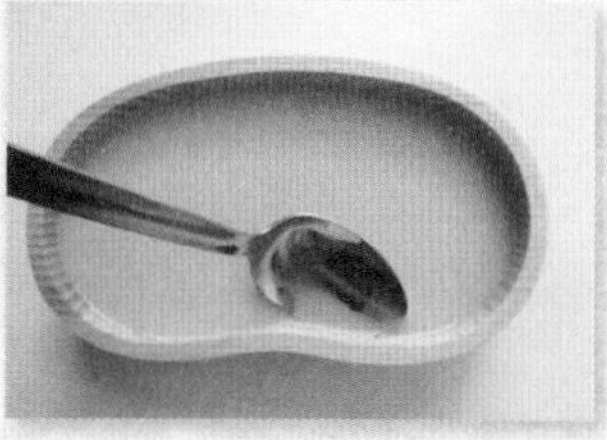

Step 4 用勺子轻轻把浮在蛋液表面的气泡刮开。

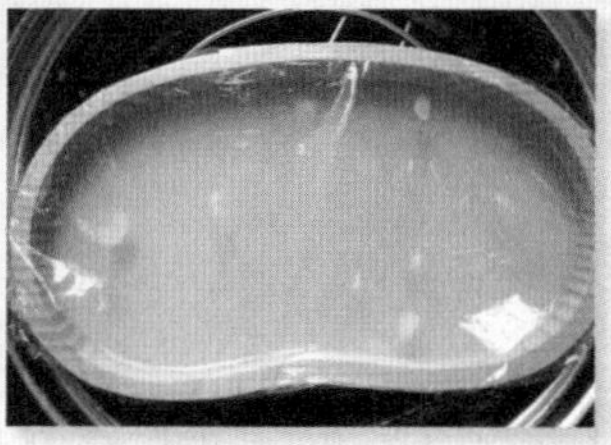

Step 5 上蒸锅大火蒸约10分钟，蒸时可覆盖保鲜膜防止水分流失。

Step 6 蒸好后开盖揭膜，撒上少许葱花提香。

Step 7 在蒸蛋表面淋少许酱油提味。

Step 8 完成后装入便当盒，配上米饭，完成便当。

糯香排骨便当

把排骨蒸到可以轻松脱骨，一夹一个送入口中，肉质鲜嫩满含肉汁，营养又好吃。裹在周围的糯米，吸收了排骨多余的油脂，起到解腻点缀的作用。

Step 1 姜切片，糯米需在前一晚用清水浸泡。

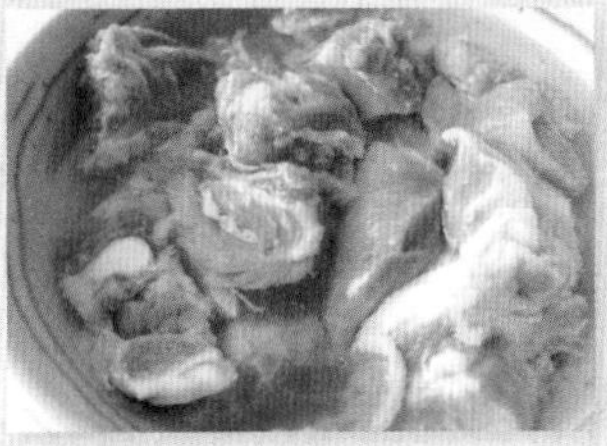

Step 2 排骨洗干净，沥干水分。

Step 3 在排骨中放入生抽、料酒、姜、盐和胡椒粉，搅拌均匀。

Step 4 排骨腌制2小时以上，期间用保鲜膜封口，防止其跑味。

Step 5 将糯米沥干水分，此时的糯米黏性十足，将排骨埋在糯米里面。

Step 6 让每一块排骨都均匀地裹上糯米后，用盘子盛出。

Step 7 将盛好的糯米排骨放入蒸锅中，蒸锅水烧开后中火蒸50分钟。

Step 8 待糯米变色，排骨熟透后即可出锅，配上米饭，完成便当。

用料

糯米 200克
排骨 250克
姜 1块
生抽 适量
料酒 少许
胡椒粉 少许
盐 适量

药膳蒸鸡便当

生活节奏的加快，精气神的剧烈消耗，需要用菜肴来补补身子。便当食材的选择，也可以用山药、枸杞等中药作为配菜，将养生带进便当中，让你每天都精气十足。

用料

鸡 半只
淮山 250 克
枸杞 100 克
料酒 少许
酱油 适量
葱段 少许
胡椒粉 少许
糖 少许
盐 适量

Step 1 准备食材，鸡、淮山、枸杞。

Step 2 枸杞泡入清水中洗净杂质。

Step 3 淮山去皮后，洗净切片待用。

Step 4 鸡肉洗净，切成均匀的鸡块。

Step 5 在鸡块中加入料酒、酱油、葱段、胡椒粉、糖及盐，腌制 1 小时。

Step 6 待鸡肉腌好后加入淮山、枸杞，蒸锅放水烧热。

Step 7 待蒸锅水烧开后，将所有食材放入锅里蒸 15 分钟。

Step 8 待食材蒸至出汁后起锅入碗，完成便当。

剁椒鱼头便当

剁椒鱼头是增加食欲的不二选择，色泽红亮，味道浓郁，肉质鲜美，其下饭功能令其成为开胃便当的首选。并且剁椒能够很好地去除鱼腥味，即使是长置于便当盒中，也不会让鱼变得腥臭。

用料

- 鱼头 1个
- 剁椒 少许
- 葱 2根
- 姜 1块
- 蒜 少许
- 小红辣椒 少许
- 花椒 少许
- 八角 1颗
- 酱油 适量
- 料酒 少许
- 蚝油 少许
- 盐 适量
- 生抽 适量
- 白醋 少许
- 糖 少许
- 香油 少许
- 色拉油 少许

Step 1　准备食材，鱼头、剁椒、小红辣椒、葱、姜、蒜。

Step 2　鱼头去鳃去鳞洗净，放入碗中，倒入酱油、料酒、蚝油和盐，里外抹匀，腌制10分钟。

Step 3　准备蒸盘，生姜洗净切片后平铺在蒸盘上。

Step 4　待鱼头腌制好后，正面朝上平铺到姜片上。

Step 5　剁椒放入小碗中，拌入葱白末、姜末和蒜末，及蚝油、生抽、料酒、白糖、白醋和少许胡椒粉。

Step 6　将拌好的剁椒平铺到鱼头上，蒸锅烧水，水开后放入蒸盘，大火蒸10分钟即可。

Step 7　将蒸好的鱼头小心取出，撒上葱花提香调色。

Step 8　炒锅加热，倒入色拉油，小火爆香花椒、八角，爆出香味后出锅；锅内再倒入香油烧热，最后淋在葱花上即可。

蒜香开边虾便当

在酒店或餐厅中的开边虾很多时候都被认为是高级菜肴，其实不然。想要在家做出跟酒店相同的味道也十分简单。做好后，每次打开便当盒，都能让同事朋友投来艳羡的目光。

用料

虾 500克
蒜 100克
青红椒 各1个
葱 少许
油 适量
生抽 适量
料酒 适量
盐 适量
糖 少许

Step 1 准备食材，虾、蒜、青红椒、葱。

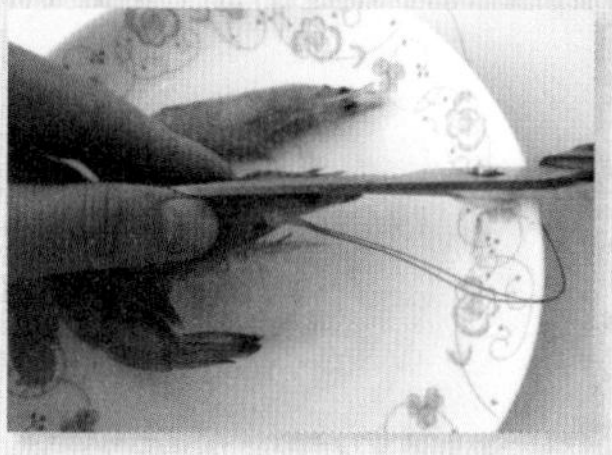

Step 2 将虾洗净，用剪刀剪掉虾头上的刺；蒜切蒜泥，青红椒和葱切丁待用。

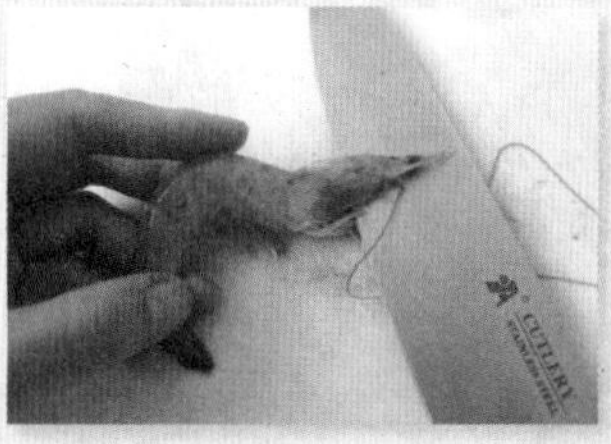

Step 3 按住虾身，刀从虾眼中间平切到虾尾，不需切断，用牙签挑出虾脑和虾包，去虾线，再次用清水洗净。

Step 4 将虾分开两边，紧密均匀地平铺在蒸盘上，让虾的尾部向上立起。

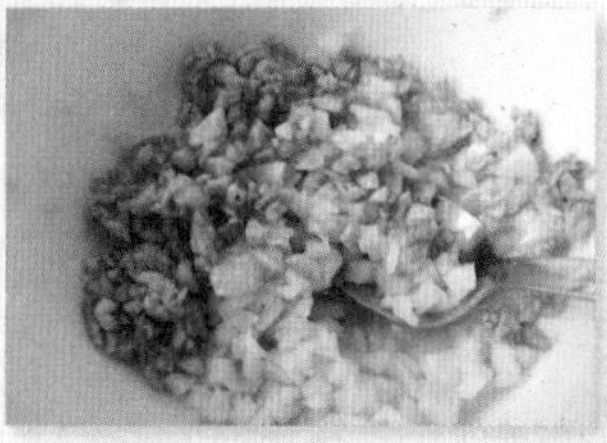

Step 5 取2/3的蒜泥，用开水泡5分钟，然后沥干水分，再用两三成热油小火炸成金黄色。

Step 6 将金蒜和白蒜混合，加入一小勺炸过蒜的油、生抽、料酒、盐和糖，拌匀后均匀地铺在虾身上。

Step 7 蒸锅烧水，待水开后放进蒸锅，大火蒸5分钟后取出。

Step 8 青红椒丁和蒜末均匀地撒在虾身上，淋上七八分热的热油即可。

肉末蒸豆腐便当

鲜嫩的豆腐吸入肉末的脂油香味，豆腐有着肉末的香味，肉末有着豆腐的鲜美，相得益彰。若觉得豆腐和肉末的味道稍显清淡，可在翻炒肉末时加入花椒、辣椒等佐料提味，能使这道便当更美味。

用料

豆腐 200 克
肉末 200 克
榨菜 1 小包
盐 适量
姜 少许
葱 少许
油 适量
生抽 适量

Step 1 准备食材，豆腐、肉末、榨菜。

Step 2 豆腐切小块，装入蒸盘中待用。

Step 3 榨菜切碎，均匀地撒在豆腐块上。

Step 4 热锅下油，爆香葱姜，加入肉末继续翻炒。

Step 5 迅速划散肉末，倒入生抽翻炒几分钟，加盐出锅。

Step 6 把炒好的肉末连汤汁一起倒在豆腐上。

Step 7 蒸锅烧水，待水开后将蒸盘放进蒸锅蒸 10 分钟。

Step 8 最后撒上葱末提香，即可装盘出锅。

梅菜肉饼便当

梅菜、肉，荤素搭配，肥而不腻，鲜嫩的肉质伴有梅菜的清香。一道家常菜，在便当中也能大放光彩。这道菜荤素一同下锅蒸，再放入便当盒中，也不会发生串味等影响口感的情况。

用料

猪肉 200 克
梅菜 200 克
葱花 少许
蒜 少许
姜 少许
蚝油 少许
油 适量
生粉 少许

Step 1　准备食材，猪肉剁碎，梅菜洗净。

Step 2　梅菜先切成小块，然后剁成末待用。

Step 3　肉末中加入梅菜、姜末、蒜末、盐、耗油、油和生粉。

Step 4　将肉末与其他配菜充分拌匀。

Step 5　将拌好配菜的肉末按平整，腌制 15 分钟以上。

Step 6　蒸锅烧水，待水开后将肉末放进蒸锅蒸熟。

Step 7　肉末蒸熟变色后，撒上葱花提香。

Step 8　将肉饼盛出，装入便当盒，完成便当。

豆瓣鱼腩便当

细嚼慢咽地挑刺吃鱼不太适合便当一族的快节奏生活。想要吃鱼的话，直接选择肥美的鱼腩部位，没有恼人的鱼刺，同时一块鱼腩的大小也正好是一餐便当的分量。

用料

鱼腩 250 克
豆瓣酱 少许
葱 少许
姜 少许
盐 适量
生抽 适量
白胡椒粉 少许
料酒 适量

Step 1 准备食材，鱼腩、豆瓣酱、葱、姜。

Step 2 鱼洗净沥干，在鱼身均匀地抹上一层盐、白胡椒粉和料酒腌制待用。

Step 3 姜葱分别切碎，盛好待用。

Step 4 将姜末和蒜末放入适量的生抽及豆瓣酱中，拌匀。

Step 5 把拌好的酱料均匀地铺在鱼腩身上。

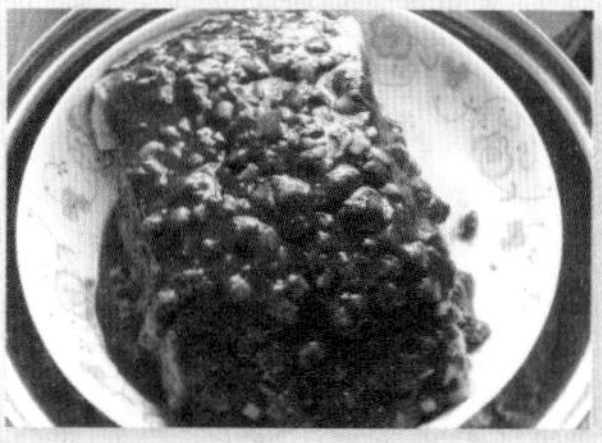

Step 6 蒸锅烧水，待水开后放入鱼腩，中火蒸 15 分钟左右。

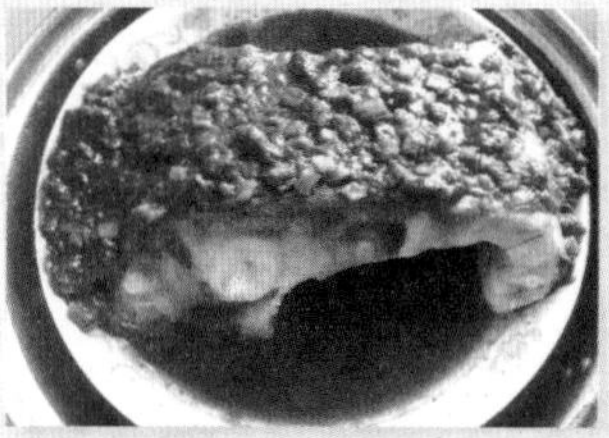

Step 7 蒸好后不要着急揭开锅盖，略焖一会儿。

Step 8 待蒸锅稍微冷却后将其取出，完成便当。

香葱蛤蜊便当

蛤蜊个头虽小，但肉嫩多汁，在便当蒸菜中并不多见，但只要做好了就是一道十分营养浪漫的菜式。蛤蜊属于海鲜，做好后应尽快食用，不宜久置。另外，蛤蜊壳体积较大，可以直接购买蛤蜊肉。

用料

蛤蜊 500 克
葱 少许
盐 适量

Step 1 准备食材，蛤蜊、葱。

Step 2 把蛤蜊泡在淡盐水中，葱花切段待用。

Step 3 待蛤蜊吐干净泥沙后将其洗净，放在蒸盘上。

Step 4 蒸锅烧水，待水开后放入蒸盘，蛤蜊壳蒸开后立即关火。

Step 5 打开蒸锅，在蛤蜊上撒上葱花提香。

Step 6 盖上锅盖，继续焖 3 分钟，让葱花进味。

Step 7 可根据个人口味适当加入调料。

Step 8 装碗出锅，完成便当。

Tips：蒸类菜品制作 Q&A

清蒸是比较常用的烹饪技法。何为清蒸？虽然各地区对此有不尽相同的解释，但总体来说，使菜肴呈原料本色，汤汁颜色较浅、口味鲜醇、清淡爽口、质地软嫩细腻的盐制技法可称之为清蒸。然而，制作清蒸菜肴经常会遇到哪些问题呢？

Q1：如何选择清蒸的排骨？

A：选择肋排、脊骨、腿骨均可。推荐度依次递减，原因是后两者块头比较大不易翻动，且劈开的腿骨有尖利的棱角，容易划伤不粘锅的涂层。肋排的另一个好处是有筋膜和肥肉，经过精心的烹饪可以产生独特的口感。每块排骨大小最好控制在一寸以内，洗净后放入冷水锅，小火慢慢煮至沸，转移到不锈钢蒸屉上，以净开水冲淋洗去表面浮沫即可开蒸。

Q2：活鱼宰杀后立即清蒸是最鲜美的？

A：刚宰杀的鱼有很多的寄生虫和细菌，在常温下放置或者在冰箱中冷藏四五个小时，会杀死一部分寄生虫和细菌，食用起来更卫生。

Q3：怎样蒸牛肉才嫩滑？

A：牛肉一定要选对，以牛里脊肉最佳，喜欢肥一点的可以选用带点肥肉但没有筋的牛肉。切的时候一定要按与肉丝垂直的方向切成薄片，并且要尽量切得薄一些才好。牛肉的腌制也是很关键的，放色拉油的目的是让牛肉吃起来很润，加醪糟汁是为了让牛肉不会发干发柴，吃起来比较嫩滑。若买不到醪糟汁，也可以用适量清水加一小勺料酒来代替。

Q4：怎样蒸鸡蛋羹才能又滑又嫩？

A：鸡蛋羹是否能蒸得好，除了放适量的水之外，主要决定于蛋液是否搅拌得好。搅拌时，应使空气均匀混入，且时间不能过长。不要在搅蛋的最初放入油盐，这样易使蛋胶质受到破坏，蒸出来的鸡蛋羹粗硬；在搅匀蛋液后再加入油盐，略搅几下就入蒸锅，出锅时的鸡蛋羹将会很松软。

Q5：药膳一般用什么药材？

A：① 黄芪：为补气强身健体的佳品。适于脾胃虚弱体质、内脏下垂、体虚易汗、年老体衰及无病强身等人群食用。常用食疗方如黄芪汽锅鸡、黄芪粥等。

② 西洋参：为补阴益气佳品。日常食之可补阴益气、泻虚火、固精神，夏季能清暑。适于虚热体质、气阴虚弱者或夏季进补食用。多冲泡代茶饮。

③ 当归：为补血活血中药。适于血虚体质、瘀血体质、妇女产后以及日常保健食用。常用食疗方如当归炖鸡等。

④ 地黄：为滋阴养血佳品，可滋阴养血、补骨填髓，并能补五脏、益气力、长肌肉、利耳目、调经安胎。常用食疗方如地黄粥、地黄鸡等。

⑤ 肉苁蓉：为补肾益精中药，常用食疗方如肉苁蓉粥等。

Q6：梅菜肉饼如何蒸会更爽滑？

A：准备食材时可以试试用澄面代替淀粉，蒸出来的肉饼更有弹性，口感更是 QQ 的。澄面又称澄粉、汀粉、小麦淀粉，是一种无筋的面粉，成分为小麦，可用来制作各种点心，如虾饺、粉果、肠粉等。

Q7：梅菜肉饼如何装入蒸盘可以更好地保证口感？

A：肉饼装盘的时候，一定不能用汤匙压得表面光滑而平整，压得像镜面一样的表面会令蒸出来的肉饼太结实，口感欠佳。正确的装盘方式是，把肉饼放在盘子上，用手慢慢地轻轻地推开，直到肉饼布满碟子，这样蒸出来的肉饼虽然没有压平的好看，但是在口感上会大大加分哦！

Q8：用什么容器蒸有区别吗？

A：不管是用锅蒸还是用微波炉蒸，最好都不要用塑料碗，因为要蒸很长时间，塑料会熔化，对人体不好。陶瓷、耐高温的玻璃容器、金属器皿应该都可以。用微波炉来做蒸品时最好选择微波炉专用的微波碗，在碗底下放点冰糖，蒸好后比较容易倒出来。

Swamp land

Chapter 6

儿童便当！让孩子开心吃饭的健康美味

孩子上学或者去春游，带上一盒妈妈亲手做的便当，既健康又美味。卡通造型的便当除了能让孩子食欲大振外，一定还能引来同学们羡慕的目光。做个好妈妈其实很简单，给孩子精心制作一盒爱心便当，在便当盒里融入妈妈暖暖的爱意。

小鸡饭团便当

暖色系的小鸡饭团明亮可爱，注重荤素的搭配，不仅秀色可餐，也会让宝宝拥有一个快乐的用餐心情。特别适合在外游玩时食用，同时也适合没有加热条件时冷食。

用料

- 鸡蛋 1个
- 米饭 1碗
- 盐 少许
- 海苔 2片
- 胡萝卜 少许
- 肉松 适量
- 西蓝花 适量
- 洋葱 1片
- 西瓜 少许

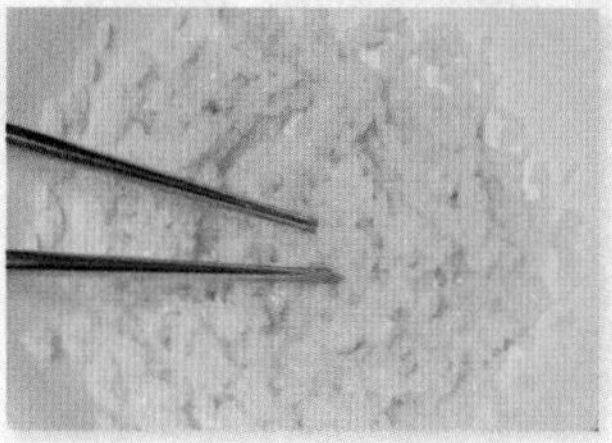

Step 1 将鸡蛋加入米饭中，再加入少许盐拌匀，放入平底锅中炒熟。

Step 2 待鸡蛋饭稍冷后装入保鲜袋，用手揉成椭圆形。

Step 3 将一整片海苔裁剪成条状，再折半后剪出半圆形。

Step 4 将对折剪去半圆的海苔打开，包在饭团上制作成小鸡肚子。

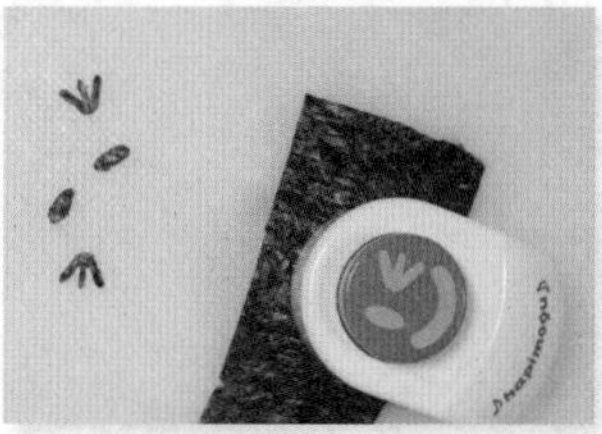

Step 5 用海苔压花器按压出眼睛和爪子，把眼睛剪成圆形。

Step 6 将剪好的小鸡眼睛和爪子贴在饭团上，用胡萝卜薄片剪出嘴巴。

Step 7 将准备好的肉松放入制作蛋糕的小纸杯中，摆入饭盒里。

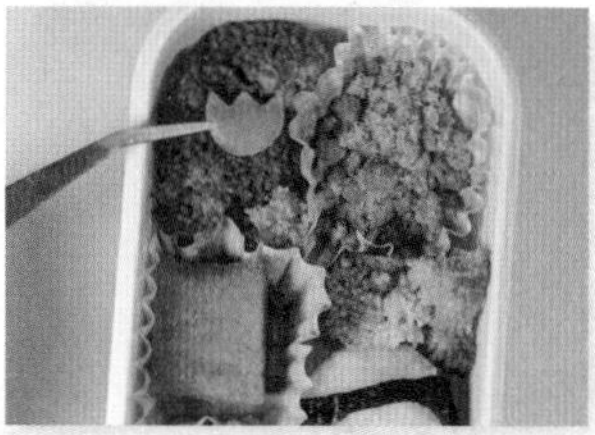

Step 8 用小花模具按压出洋葱花朵，再摆入其他材料即可。

雪人饭团便当

惟妙惟肖的小雪人饭团充满着父母对孩子的爱，食材丰富，颜色鲜亮，看起来特别有食欲。这种饭团选择的材料味道较轻，在便当盒中不易串味，十分适合制作便当。

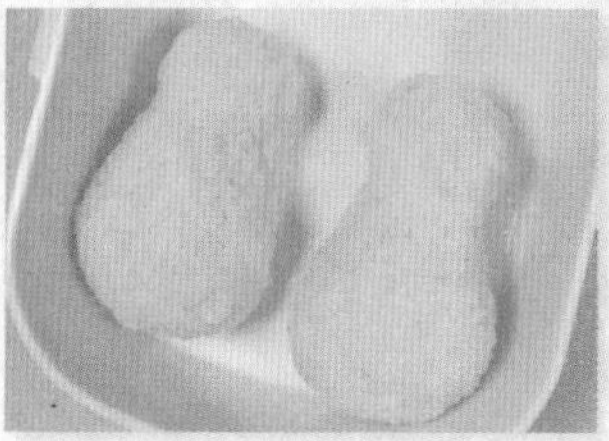

Step 1 把米饭分成两份，每份 65 克，用保鲜膜包着揉成人形饭团。

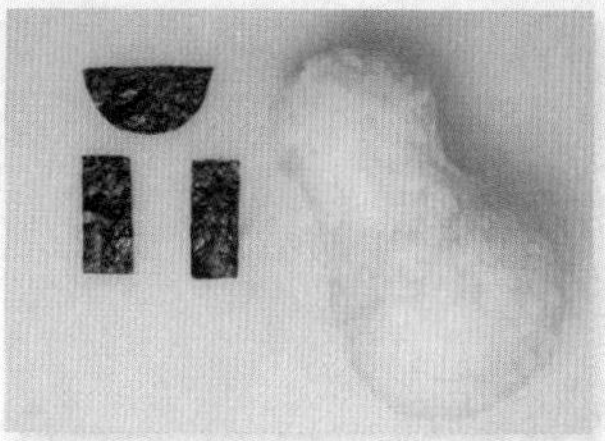

Step 2 用海苔剪出小人的头发，粘在饭团上。

用料

米饭 1 碗
海苔 1 片
火腿肠 1/2 根
奶酪 1 片
花椰菜 1 朵
生菜 4 片
鱼丸 2 颗
胡萝卜 1/2 根
番茄酱 少许
盐 少许

Step 3 将火腿肠和奶酪片切成细条状贴在小人的脖子上，并剪出小人的帽子。

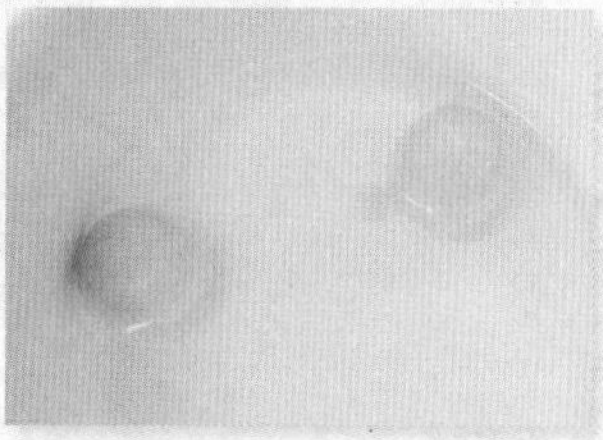

Step 4 在水里加入少许盐焖煮鱼丸，将煮熟的鱼丸捞出沥干水分。

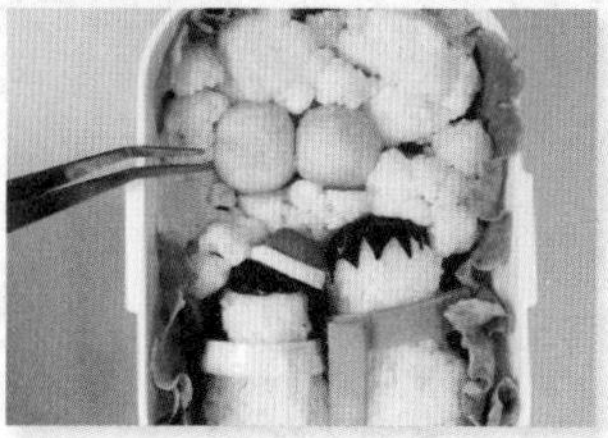

Step 5 花椰菜焯水沥干摆入便当中，放入鱼丸，撒少许盐。

Step 6 胡萝卜煮熟切片，用模具按压出爱心形状。

Step 7 将胡萝卜爱心摆在鱼丸上，摆出两个爱心的造型。

Step 8 用海苔剪出小人的眼睛，用牙签蘸少许番茄酱点在小人的脸上即可。

熊猫乐园便当

憨态可掬的大熊猫无论什么时候都那么招人喜爱，做成便当看起来呆萌十足，胖乎乎的身体让人忍不住想咬一口。冷热皆可食用。芦笋、胡萝卜雕花片点缀其中，可提高整个便当的完成度与精美度。

用料

米饭 1碗
海苔 2片

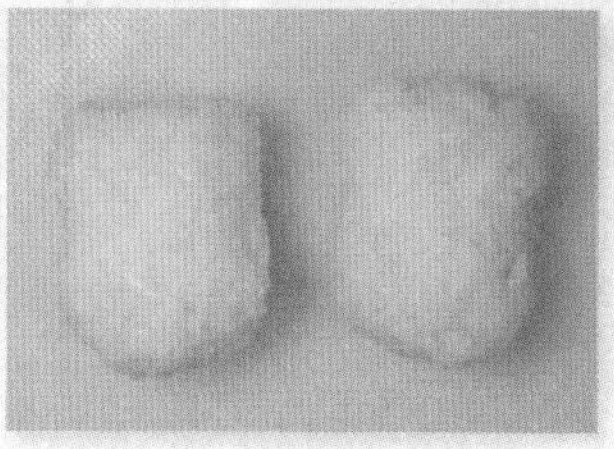

Step 1 米饭分为 50 克一个，揉成两个椭圆形饭团。

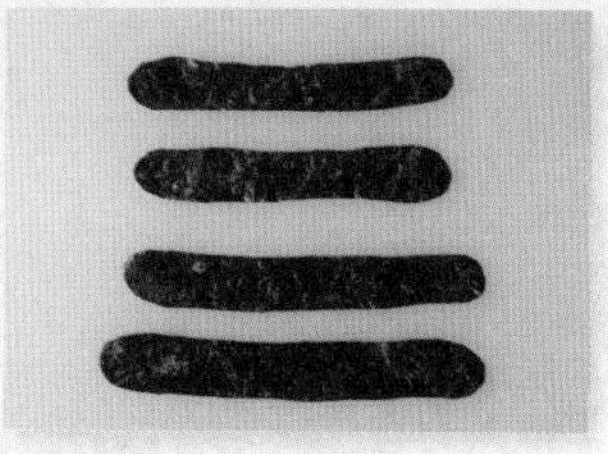

Step 2 用海苔剪出约 8 厘米长的手和腿，手的尺寸比腿的稍小一些。

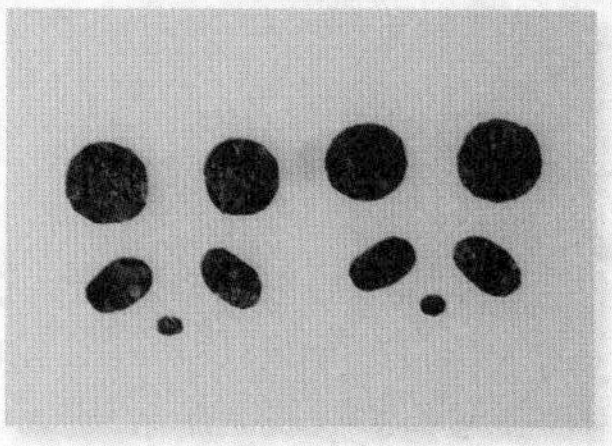

Step 3 用海苔剪出熊猫的耳朵、眼睛和鼻子。

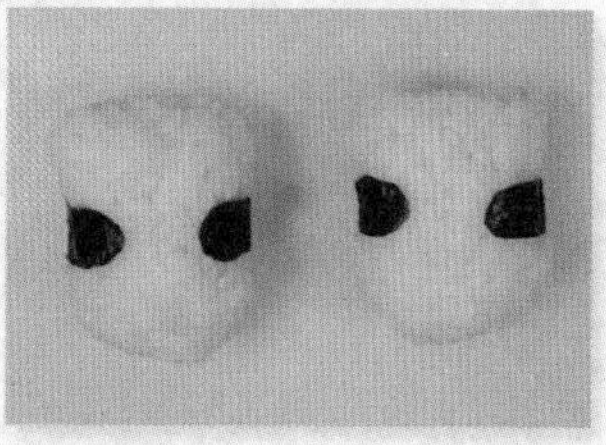

Step 4 把当作熊猫手的海苔条由后向前围住饭团。

Step 5 把当作熊猫腿的海苔条围住饭团的下方。

Step 6 将熊猫的耳朵贴在饭团顶部的两侧。

Step 7 把熊猫的海苔眼睛贴上，向内呈八字形。

Step 8 最后用镊子把熊猫的鼻子粘上即可。

小熊饭团便当

萌萌的熊脸形状非常能讨小朋友的欢心，无论是蔬菜还是肉类都得到了合理的搭配及摆放，再来几个水果就能够补充一天的能量。

用料

米饭 200克

火腿 1片

奶酪 1片

胡萝卜 1/2个

海苔 1片

酱油 少许

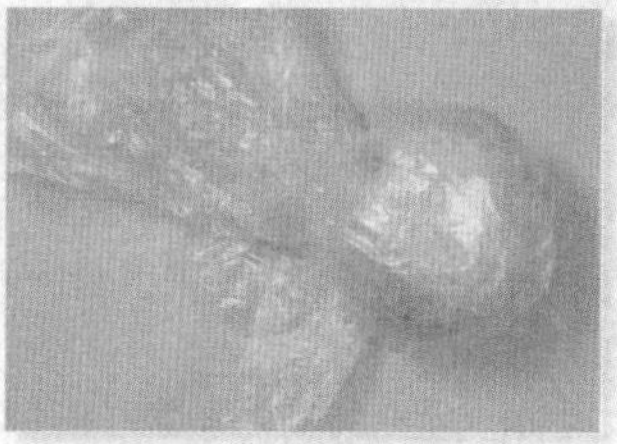

Step 1 取100克白米饭，用保鲜袋包裹住揉成圆形。

Step 2 将另一个饭团用少许酱油拌匀揉成圆形，放入便当盒内。

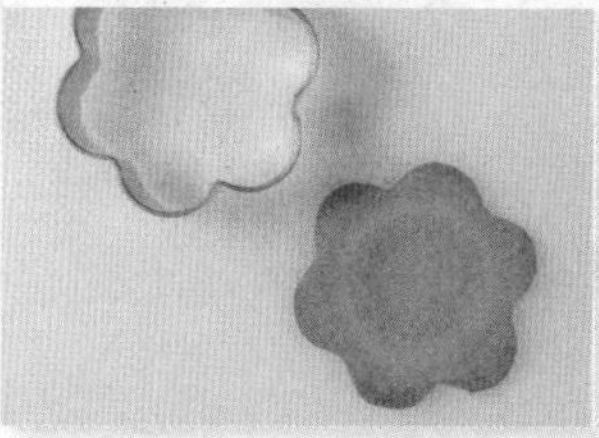

Step 3 胡萝卜切片煮熟，用模具按压出小花形状。

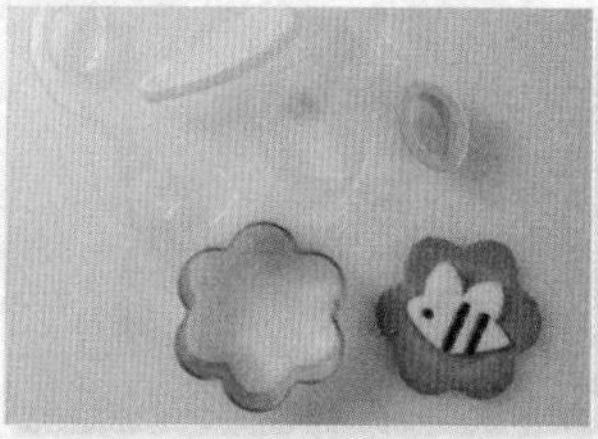

Step 4 用奶酪做成蜜蜂肚子和翅膀，用海苔剪出蜜蜂的眼睛和肚子的花纹。

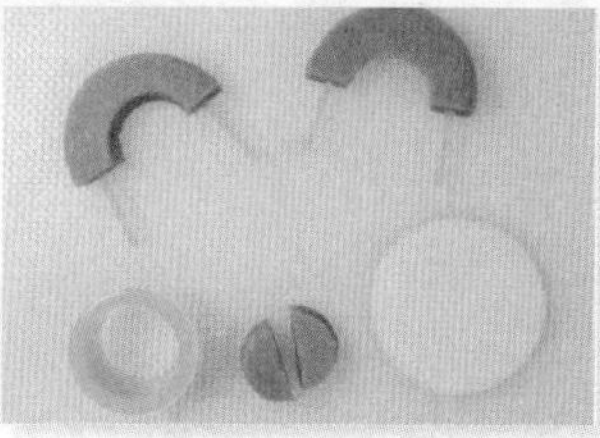

Step 5 用大圆形模具压出圆片耳朵和奶酪鼻子。

Step 6 用表情压花器在海苔片上按压出小熊的五官。

Step 7 把材料装饰在棕色饭团上，做成小熊的造型，将“蜜蜂”摆放在白色饭团上。

Step 8 铺上土豆泥、苦瓜等配菜，用胡萝卜小星星作为装饰。

花形蛋包饭便当

蛋包饭是近年来备受青睐的一种食物，是由蛋皮包裹炒饭制成的菜肴，在便当中可以直接作为主食食用，非常方便。其造型清爽，吃起来爽口美味，深受小朋友们的喜爱。

用料

蛋炒饭 1份
鸡蛋 2个
蛋清 1个
火腿肠 1根
海苔 1片
水 少许
盐 少许

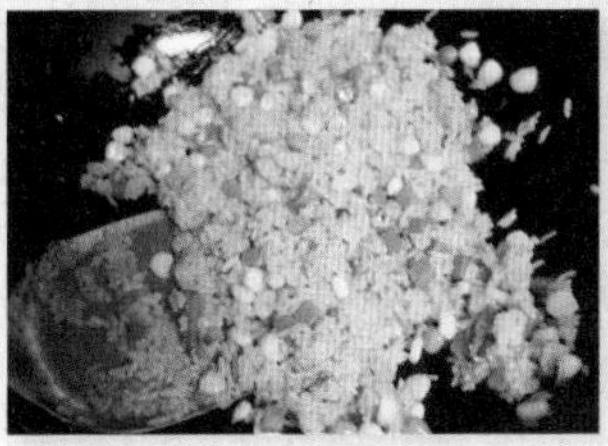

Step 1 将青豆、胡萝卜粒、玉米混合米饭炒好后铲出待用。

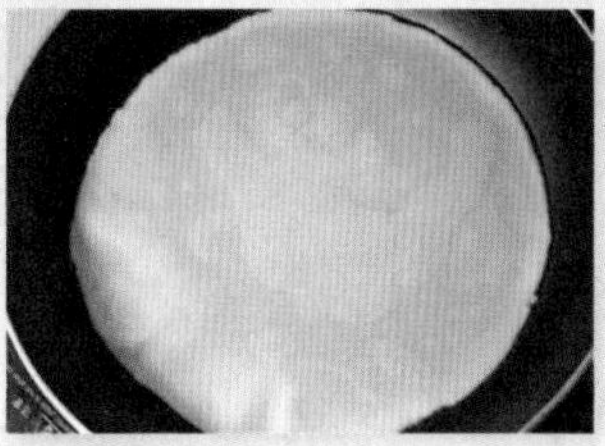

Step 2 鸡蛋加少许盐和水拌匀，用平底锅小火煎至蛋液凝固成蛋饼。

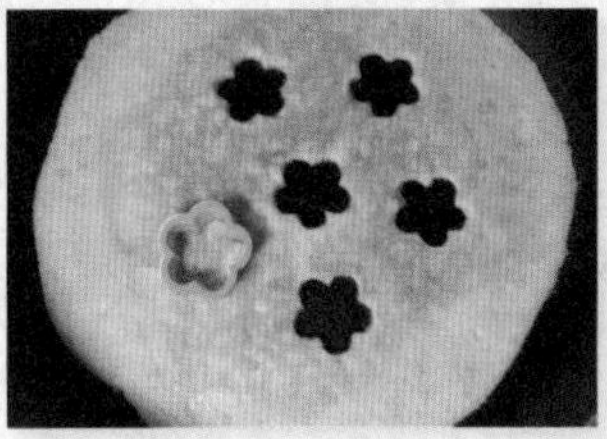

Step 3 用花形模具在蛋饼上按压出镂空图案，将花朵拿出备用。

Step 4 将鸡蛋清分离出来，用搅拌器搅拌均匀。

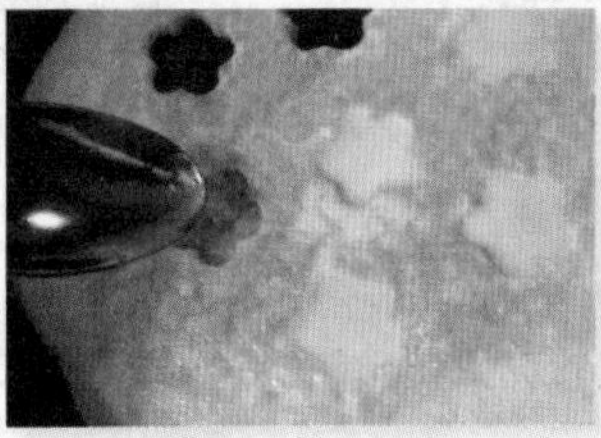

Step 5 用勺子把蛋清倒入镂空的花形图案里，小火煎熟翻面。

Step 6 将火腿肠切成三等分。

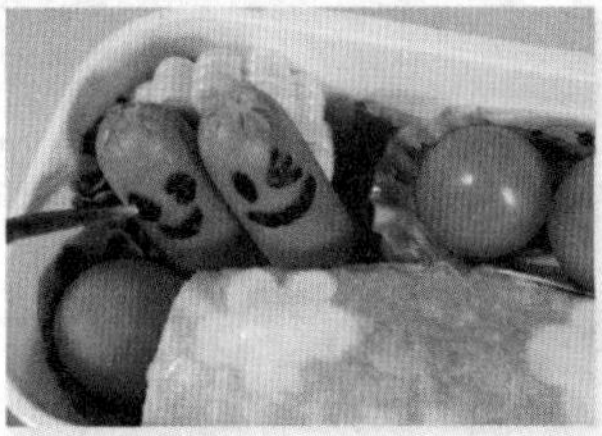

Step 7 用海苔剪出眼睛和嘴巴装饰在火腿肠上，然后将火腿肠摆入便当盒中。

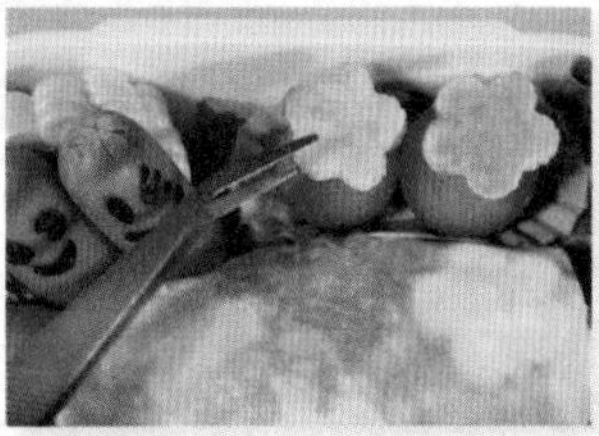

Step 8 再摆入用模具压出的鸡蛋花，装饰上其他食材即可。

海贼王便当

风靡大众的日本动漫《海贼王》，各种周边产品层出不穷，强大的影响力甚至蔓延至便当中。看起来复杂的造型做起来其实并不难，耐心一点就可以将酷炫的海贼王便当制作成功。

用料

米饭 1碗
海苔 1片
奶酪 2片
鸡蛋 1个
小番茄 2个
巧克力酱 少许

Step 1 把米饭装入便当盒，约占便当盒的2/3的空间，用勺子压平。

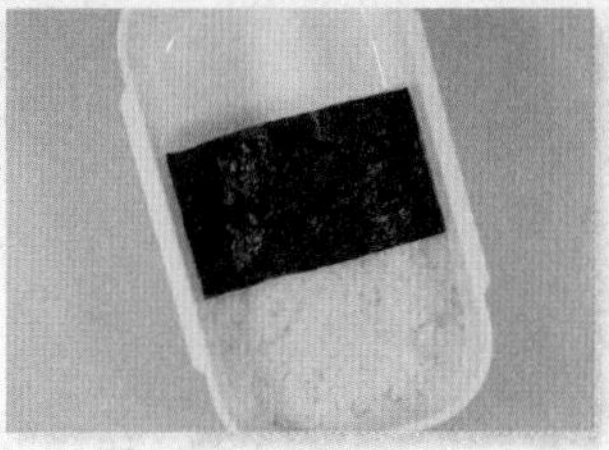

Step 2 剪出宽约便当盒长度1/3的海苔片放入便当中间。

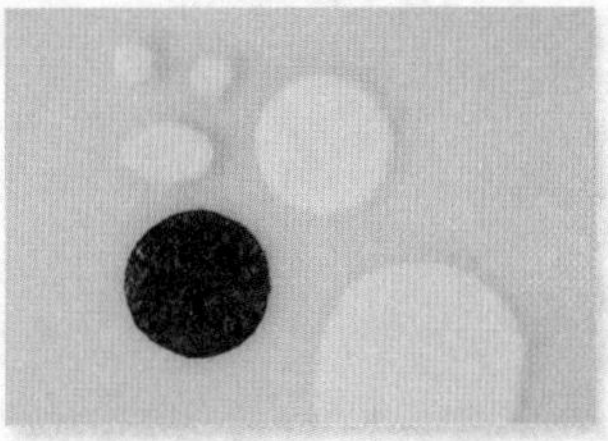

Step 3 用蛋皮、奶酪和海苔分别剪成大小不一的圆形。

Step 4 用深浅两色的奶酪刻成骨头、小圆点和三角形，用海苔剪出五官，如图叠起。

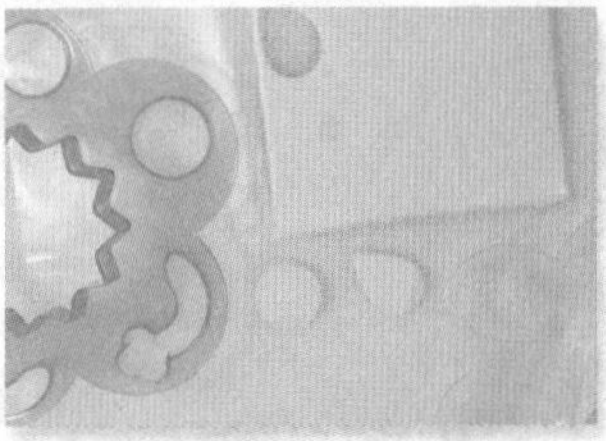

Step 5 用模具压出一个圆形和一个水滴形的浅色奶酪。

Step 6 将圆形和水滴形奶酪叠起，用海苔剪出五官，用蛋皮和小番茄做草帽。

Step 7 小番茄洗净擦干，用巧克力酱画出花纹即可做成恶魔果实。

Step 8 将桑尼号和海贼旗小心地摆入便当即可。

逗趣钢琴便当

对妈妈来说，制作充满轻松休闲感觉的便当，既是消闲也是放松。这种逗趣类型的儿童便当，以素食为主，可以以蛋卷、奶酪或火腿等适口食材搭配，既不会和蔬菜串味，也能使整个便当搭配相得益彰。

用料

米饭 1碗
海苔 2片
奶酪 1片
火腿 1片
胡萝卜 少许

Step 1 米饭装入便当盒，约占便当盒的2/3的空间，用勺子压平。

Step 2 用海苔剪出5条长方形的琴键，长度为米饭宽度的2/3。

Step 3 把海苔琴键如图摆在米饭上，用手指轻轻按压。

Step 4 用小刀在海苔琴键下面划出空隙做成白色琴键。

Step 5 将配菜装入便当盒内剩下的1/3空间，摆整齐。

Step 6 用圆形模具按压奶酪的一部分做成小女孩的头发。

Step 7 把奶酪头发摆在切片的火腿上，用海苔剪出眼睛和嘴巴。

Step 8 将白纸音符图案摆在胡萝卜片上，用小刀刻出音符，摆入便当里。

小狗肉末便当

肉末拌饭是妈妈们经常会给小朋友准备的一道餐点，因为孩子的肠胃尚未发育成熟，对于肉类食品的消化也不是那么好，所以把肉类食品做成肉末能让小朋友们吃起来更无负担。

Step 1 肉末加少许酱油入锅炒熟待用。

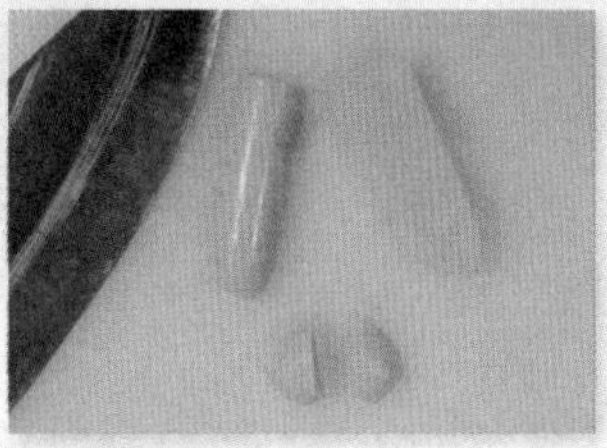

Step 2 火腿肠竖着切成一半，另一端斜着切后一半。

用料

肉末 100 克

白米饭 80 克

炒饭 1 碗

火腿肠 1 根

生菜 1 片

海苔 1 片

酱油 少许

Step 3 在生菜叶上铺上肉末做成小狗的头。

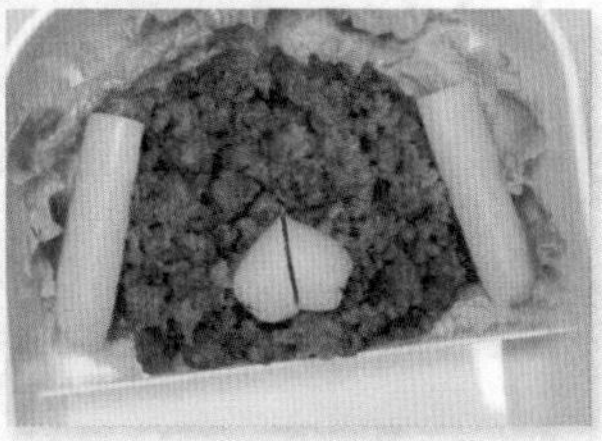

Step 4 将火腿做成的小狗的耳朵和鼻子摆入便当盒。

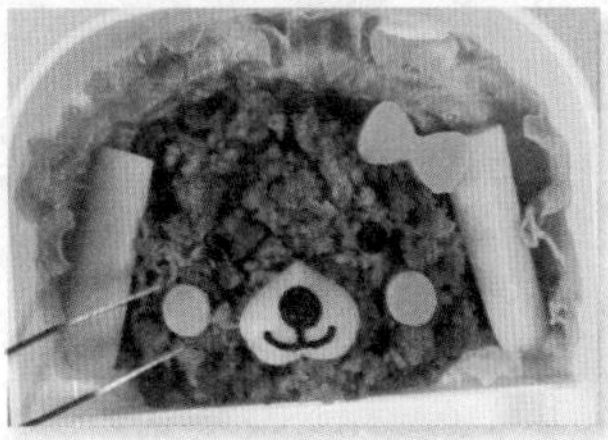

Step 5 用海苔剪出眼睛和嘴巴，火腿用模具压成腮红和蝴蝶结。

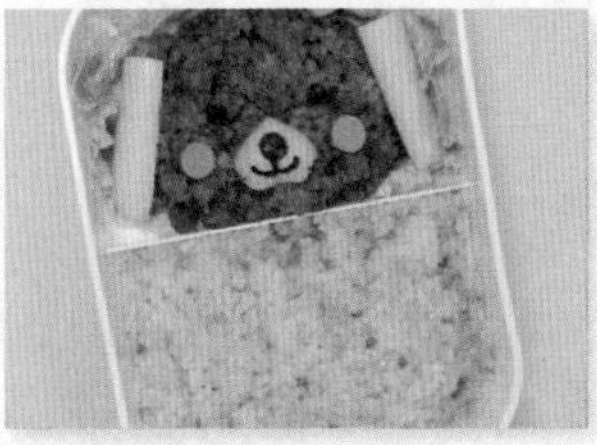

Step 6 便当盒的另一半铺上炒饭，用勺子压平实。

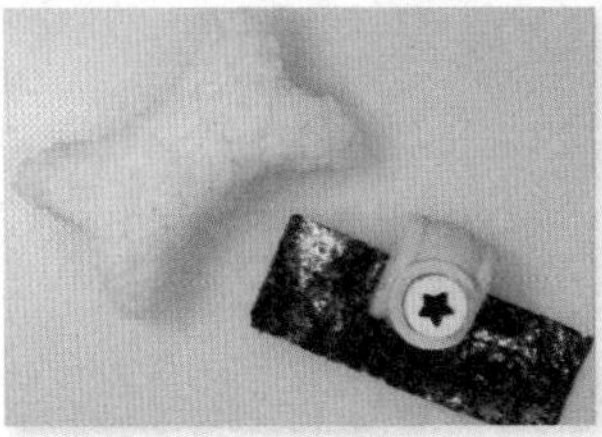

Step 7 用保鲜袋将米饭揉成骨头形状，海苔用模具按压出图案。

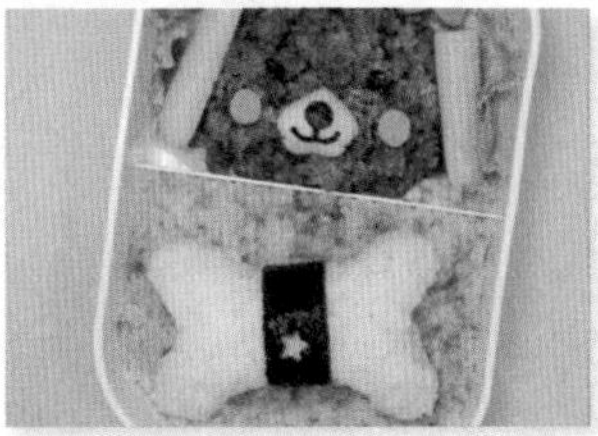

Step 8 用海苔包住骨头米饭后放入炒饭中即可完成。

晴天娃娃便当

将祈求阳光的美好愿望装入便当盒中，满满的好心情，满满的爱都融入其中。以米饭为主食，配以奶酪或蛋皮，可爱的造型令孩子胃口大开，非常适合做给不爱吃米饭的孩子。

用料

米饭 1碗
海苔 2片
番茄酱 少许
蛋皮 1片
奶酪 1片
生菜 少许

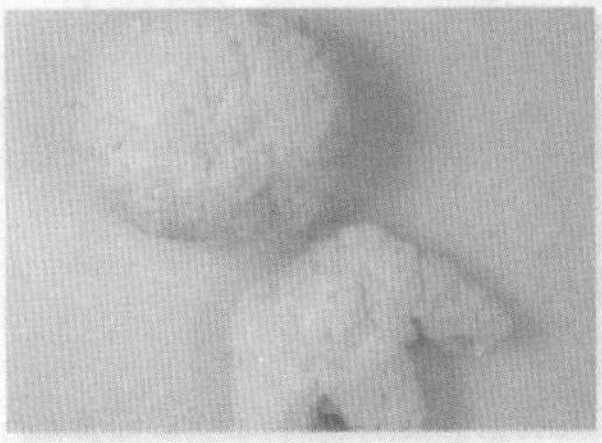

Step 1 分别用20克和10克米饭揉成晴天娃娃的头和身子。

Step 2 用海苔剪出眼睛和嘴巴，用番茄酱点出晴天娃娃的腮红。

Step 3 切一条长条形的蛋皮放在晴天娃娃头和身子的缝口处。

Step 4 取25克米饭加入少许番茄酱，用勺子来回拌匀。

Step 5 把番茄酱米饭揉成圆形后稍微压扁一些，剪三条海苔。

Step 6 如图，把三条海苔包住番茄酱饭团，压住接口处。

Step 7 用模具按压出云朵奶酪片，用海苔剪出眼睛和嘴巴。

Step 8 把晴天娃娃和番茄酱饭团摆入铺满生菜丝的便当盒。

海绵宝宝便当

便当中的主食不一定非要用米饭，全麦或杂粮吐司也是十分合适的选择。一打开便当盒，就能看到可爱的海绵宝宝卡通造型，让人爱不释手，更能激起孩子的食欲。

用料

吐司 2片
熟蛋黄 2个
奶酪 1片
蛋皮 1片
海苔 1片
苹果 1/2个
蛋黄酱 少许

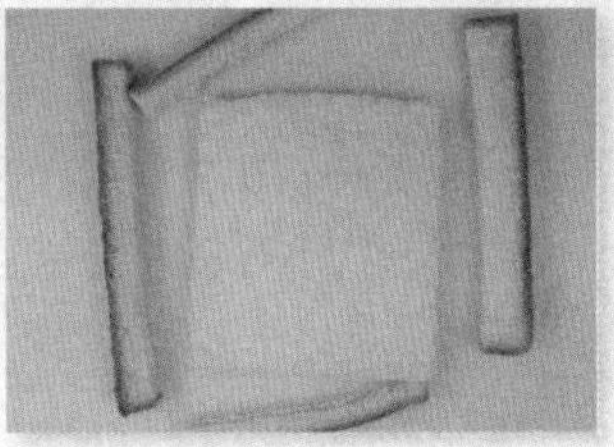

Step 1 用小刀将吐司的四边去掉，留下柔软的中间部分。

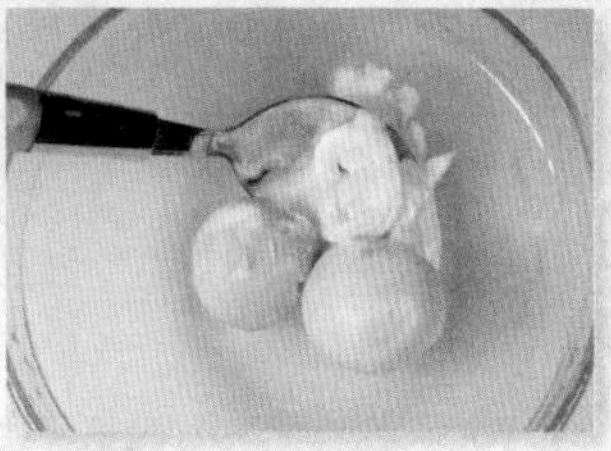

Step 2 将两个熟蛋黄用蛋黄酱拌匀，制成蛋黄色的混合物。

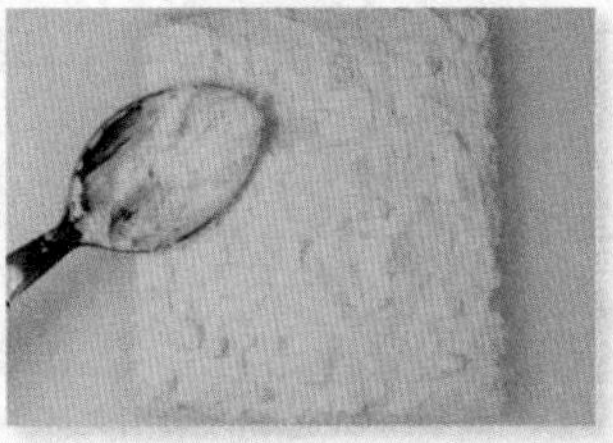

Step 3 用勺子把蛋黄和蛋黄酱的混合物抹在吐司上。

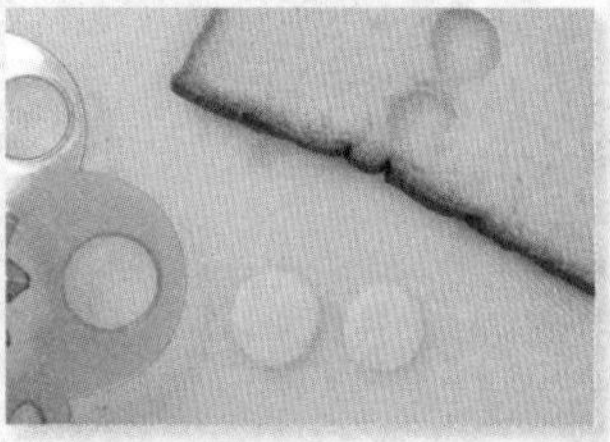

Step 4 用模具按压出两片圆形吐司，用擀面杖压扁。

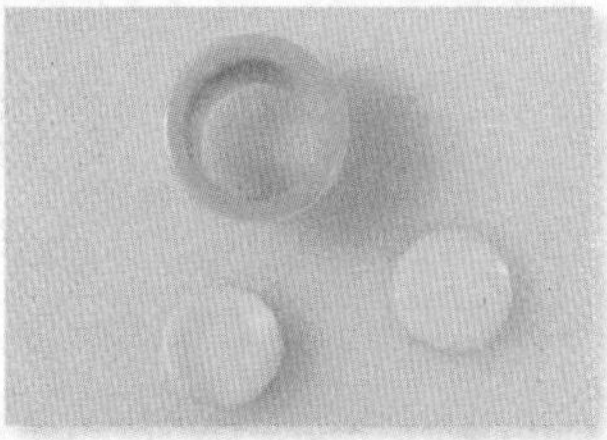

Step 5 用模具按压出比圆片吐司稍小一些的圆形奶酪。

Step 6 把吐司和奶酪拼好作为眼睛，再用吐司剪出牙齿，用海苔剪出眼珠和嘴巴，用蛋皮剪出鼻子。

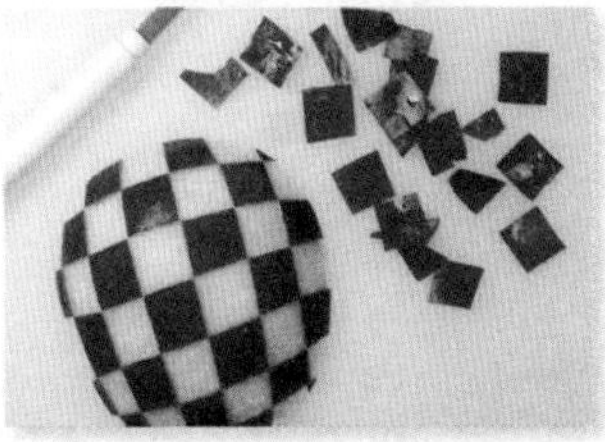

Step 7 苹果切半，用刻刀画出格子，把间隔的皮用刻刀铲掉。

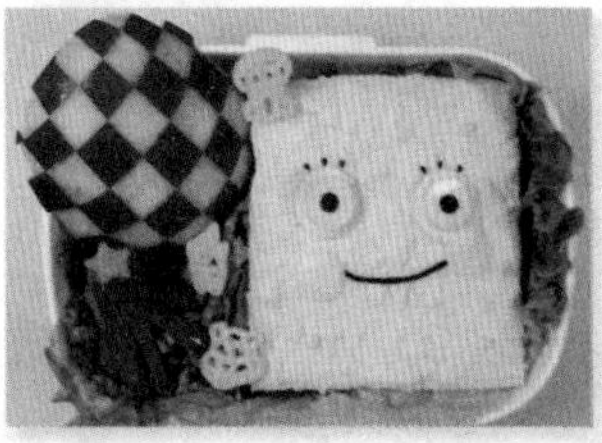

Step 8 把吐司和苹果放入便当，摆上章鱼香肠和卡通意面，便当就完成了。

午睡小熊便当

蛋包饭可以做出很多造型，憨态可掬的小熊造型不仅美观可爱，同时将蔬菜、培根、鸡蛋等营养均衡的食物包裹在内，一份便当就能融入所需营养。

用料

蛋黄 2个
米饭 1碗
胡萝卜 1根
黄瓜 少许
玉米粒 少许
火腿 少许
海苔 1片
花形意面 少许
酱油 少许

Step 1 用火腿、黄瓜、玉米粒、胡萝卜炒饭，平铺在便当盒里。

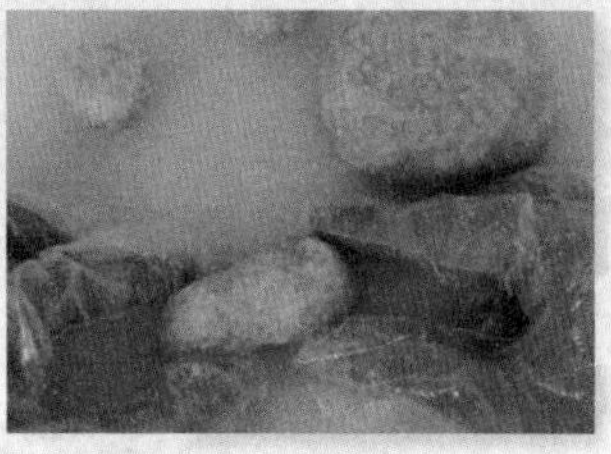

Step 2 将白米饭加少许酱油拌匀，捏成小熊的头、耳朵和一只手臂。

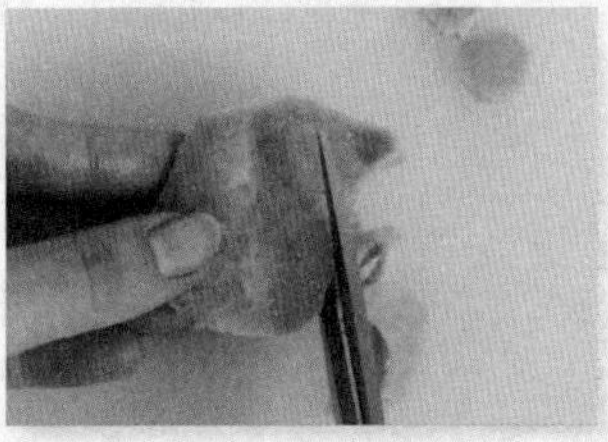

Step 3 用火腿剪出小熊的耳朵和嘴巴，用海苔剪出小熊的眼睛、鼻子和被子上的装饰。

Step 4 鸡蛋打散，倒入有少许油的平底锅中煎成蛋饼。

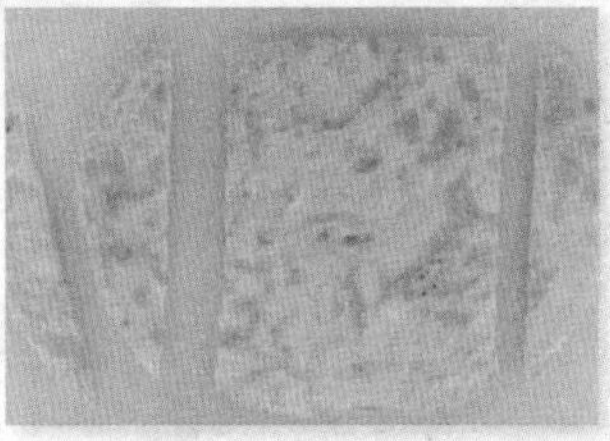

Step 5 将蛋饼切成被子的形状，剩下的蛋饼卷起来当作枕头。

Step 6 将炒饭装入便当盒，再把小熊摆在便当盒的一边。

Step 7 把剪好的五官贴在小熊的脸上，再给小熊盖上被子。

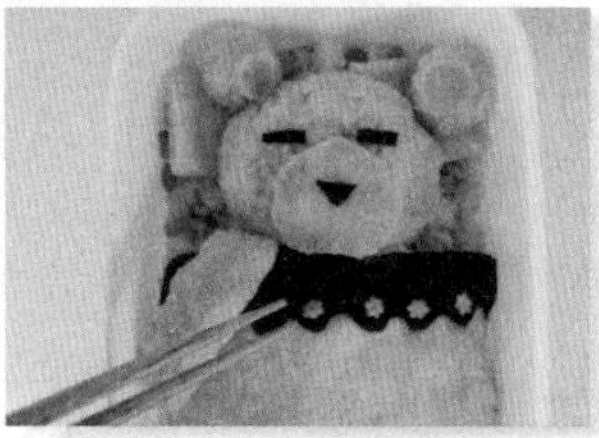

Step 8 用海苔和焯过水的花形意面做被子的装饰即可。

海苔卡通便当

只需简单的食材，发挥无限的创意，就能让一份便当变得生动有趣起来。在儿童便当中，动物造型和卡通造型的饭团最为常见，用些许海苔的点缀一下即刻出彩。

用料

海苔 1片

米饭 1碗

火腿肠 1根

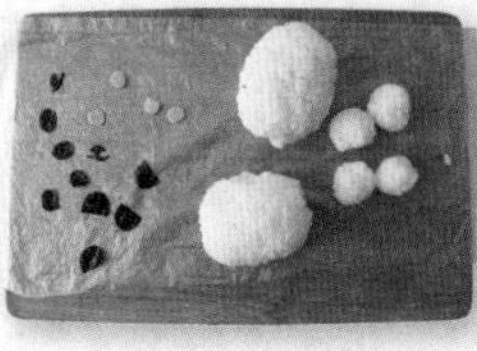

Step 1 准备食材，海苔、米饭、火腿肠。

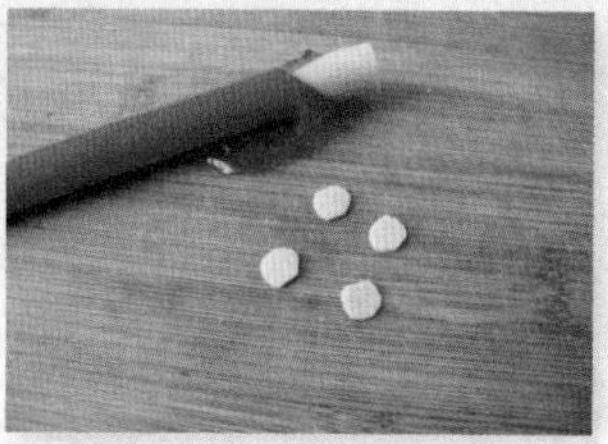

Step 2 火腿肠用小刀切成小圆片待用。

Step 3 用保鲜袋把米饭捏成饭团。

Step 4 多捏两个小直径的球形饭团。

Step 5 大小饭团分别做成熊猫的脸和耳朵。

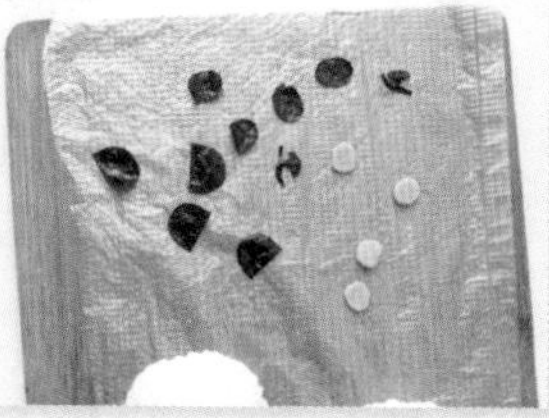

Step 6 用之前切好的火腿小圆片装饰熊猫的脸蛋。

Step 7 用海苔剪出熊猫的眼睛、耳朵、鼻子和嘴巴。

Step 8 组合在一起即可，摆入便当盒，好吃又卖萌。

Tips: 自制儿童便当的四大优点

如果时间允许的话，应该尽可能地为孩子制作便当，毕竟妈妈亲手做的便当一定会更干净、更健康，营养也会更丰富。除此以外，这还是妈妈与孩子增进感情的亲密行为之一。

安全第一，健康最重要

随着生活水平的提高，饮食健康越来越得到大家的关注，特别是儿童的饮食健康更加不容忽视。自制儿童餐的好处，一是能够最大程度地降低不新鲜的食物对孩子身体的伤害，不像外食一样用料来历不明甚至用变质的食材。二是能够根据孩子的发育需求，制作出最适合他们的阶段性菜谱，营养更全面，为健康护航。

增加与孩子之间的情感

亲手为孩子制作餐食更能体现妈妈的爱，用心去制作他们喜欢的造型，搭配好最适合他们的食材，这样一来营养全面不说，还能与孩子有更多的互动。让孩子在享受造型可爱、营养丰富的美味的同时，还能感受到妈妈浓浓的爱意。

节省时间

周末如果带孩子到游乐园玩耍，自带便当或者小点心可以节省很多时间。游乐园提供的大多都是没有营养或是油炸的快餐，不仅对孩子身体不好，排队点餐也会耽误不少时间。所以去游乐园或是郊游，自备便当或饱腹食品，卫生又安全，省心又省力，让孩子能有更多的时间玩耍。

即做即吃，营养不流失

超市里的各式食品都是提前制作的。这样一来，中间相隔的时间就会让食物的营养流失一大半，甚至有些不良商贩把前天没卖完的食物再拿出来卖，这样不仅没有营养，还会让孩子有肠胃不适的风险。开袋即食的食物在制作时更是添加了很多添加剂。自制手工小食不仅方便携带还无有害物质，更利于孩子的健康成长。

Tips：自制儿童便当的五个原则

孩子的饮食是妈妈们最关心的问题之一，因为他们的牙齿和消化能力尚未完全发育，但是又要营养均衡才能健康成长，所以在制作儿童便当时必须注意有所为有所不为。

食材新鲜

新鲜的食材营养流失最少，其营养也最为丰富；妈妈们不要因偷懒而把一周的食物都买好放入冰箱，这样就不能达到儿童餐的营养标准了。特别是鱼或者虾，一定要是活鱼活虾，鱼肉最好要剔除鱼刺鱼骨再做成料理，让孩子吃得更安全。

根据孩子年龄制作

每个年龄层阶段的孩子要求的食物大小以及软硬程度不同，2~3岁宝宝的咀嚼能力自然不如5岁以上的小孩，所以在制作宝宝餐时，鱼块、鸡肉可以切成丁，而猪肉可切成肉末再做成佳肴，让宝宝吃得更安全，也更便捷，不会为难他们的小牙齿。

严格把控调味料

妈妈在放盐、糖、酱油等调料时一定要手下留情，千万不要多放，味精和鸡精这类调味品最好不放。不要按大人的口味给孩子做菜，因为孩子的肠胃相对较弱，制作的菜宜口味清淡自然些更适合他们的肠胃，也更利于营养的吸收和消化。

掌握好火候

除了要注意调味料的用量，也要注意掌握好做饭的火候。同时，不要把孩子的肠胃和牙齿想得过于脆弱，而把所有食物都煮得很烂，这样不但损失了营养，也不利于孩子牙齿的发育和锻炼咀嚼能力。所以有些蔬菜只要煮熟，掌握好它的大小就可以了。

注重色香味形

孩子的口味不同于成人，有点挑剔，有点娇惯，也十分敏感。所以在制作儿童餐时，特别要注重色、香、味、形这四样要求，多做些小动物或者卡通人物的形象，不仅能够激发孩子食欲，也能锻炼孩子的想象力、认知力和创造力。

Chapter 7

化繁为简！
省时省力的便当制作技能

制作便当，有些人手忙脚乱，顾了这个，又错过了那个，甚至感到无从下手。其实不然，制作便当是一个轻松享受的过程，熟练运用小技巧和小窍门，让制作便当再也不会繁杂忙乱，让便当的制作过程省时省力、有条不紊。

爆炒鸭肉便当

食物没吃完，丢掉太可惜，再吃又没有新鲜感，其实不必担心，重新下锅爆炒，简便的便当菜式立刻就有，非常适合早上没有时间或想多睡一会儿的上班一族。

用料

卤鸭肉 200 克
酱油 适量
香葱 少许
蒜 少许
油 适量

Step 1 香葱切段、蒜瓣切末待用。

Step 2 热锅下油，待油热后爆香蒜末。

Step 3 待蒜末爆香后，倒卤鸭肉入锅。

Step 4 大火转中火翻炒鸭肉。

Step 5 待鸭肉炒热后，倒入酱油提色调味。

Step 6 快出锅前撒上切好的葱段提香。

Step 7 将葱段翻炒均匀。

Step 8 装碗出锅，完成便当。

三丝鸡肉便当

大块大块的肉，总令人感觉油腻。不如试试把大块的肉撕成细条，再配上好吃的蔬菜，不仅可以解腻开胃，而且能让肉类重新入味，吃起来更适口。同时，也不必担心大块的鸡腿无法放入便当盒，不必苦恼腌制肉类要花费过多时间。

用料

鸡腿 250 克
黑木耳 少许
胡萝卜 1 根
黄瓜 1 根
花椒油 少许
生抽 适量
醋 少许
糖 少许
盐 适量
姜 少许

Step 1 准备食材，鸡腿、黄瓜、胡萝卜、黑木耳、姜。

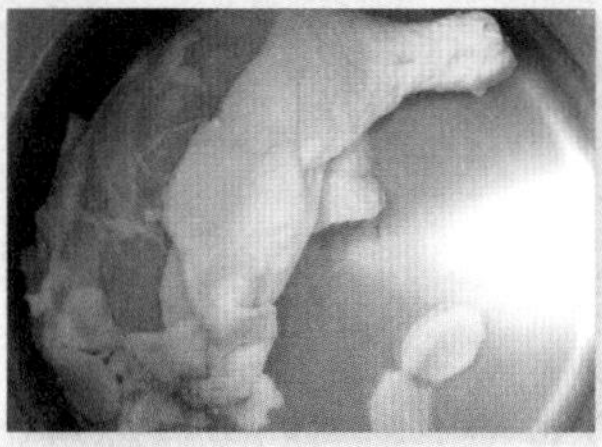

Step 2 鸡腿去骨洗净后，放入锅中加姜片煮 30 分钟，期间若有浮沫要撇出。

Step 3 煮好的鸡腿晾干冷却，用手将肉撕成丝状。

Step 4 胡萝卜切丝，用水灼熟后待用。

Step 5 黑木耳用冷水泡发后，和黄瓜分别切丝。

Step 6 将以上所有食材混在一起，倒入花椒油、生抽、醋、糖、盐。

Step 7 把食材与酱料搅拌均匀，让鸡肉充分入味。

Step 8 腌制时间约 10 分钟，待鸡肉入味后即可食用。

红烧肉块便当

想要省时省力，利用剩菜做出新便当绝对符合要求，只需洗净娃娃菜并切段后，一起放入锅中焖煮，让其将红烧肉多余的油脂和肉香吸收，荤素搭配，更能省时省力做好便当。

Step 1 准备好娃娃菜及晚餐剩的红烧肉。

Step 2 娃娃菜洗净，掰成片后均匀切片。

用料

晚餐剩的红烧肉
娃娃菜 1棵
盐 适量
油 适量

Step 3 热锅中放少量油，倒入娃娃菜。

Step 4 锅内加入适量盐，大火翻炒。

Step 5 待娃娃菜变蔫后放入红烧肉，继续翻炒。

Step 6 大火转中火，稍微炖一会儿。

Step 7 中火炖至娃娃菜变软，让其吸收红烧肉的汤汁。

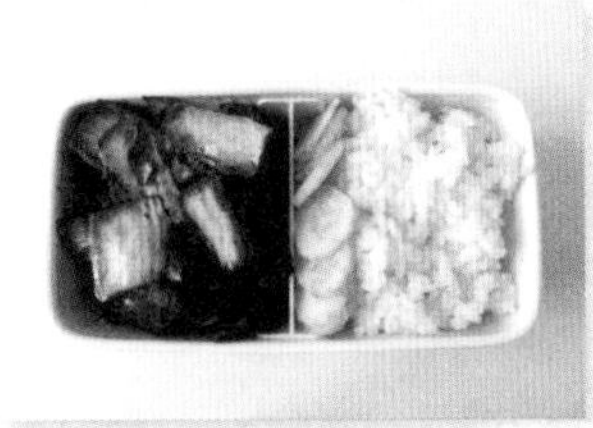

Step 8 待娃娃菜色泽变深后即可出锅。

三文鱼炒饭便当

不小心煮多了米饭，对剩饭的处理往往就只是单调的蛋炒饭。开动脑筋，尝试将其他肉类加入剩饭中一起翻炒，就能让朴素的炒饭变得洋气，令你的便当变得与众不同。

用料

三文鱼 200 克

胡椒粉 少许

米饭 1 碗

芦笋 150 克

盐 适量

油 适量

Step 1 准备食材，三文鱼、米饭、芦笋。

Step 2 芦笋切段，放入烧开的盐水中焯熟，再放入冰水中，以保持脆爽口感。

Step 3 三文鱼切丁，热锅下油，待油热后下三文鱼翻炒。

Step 4 炒香三文鱼，待其变色后装盘盛出。

Step 5 借助锅内的三文鱼油炒散冷饭。

Step 6 饭炒散后加入芦笋和三文鱼继续翻炒。

Step 7 翻炒期间可根据个人口味撒胡椒粉和盐调味。

Step 8 米饭炒散炒香后即可出锅装碗，完成便当。

迷迭南瓜便当

南瓜蒸炒较为常见，但烤南瓜你未必吃过。清甜的南瓜遇上迷迭香将会是一场惊艳的味觉邂逅。只需将南瓜切好加入调料，送入烤箱就可以完成这道便当，贯彻省时省力的方针让便当花样翻新。

用料

南瓜 半个
橄榄油 适量
盐 适量
胡椒粉 少许
迷迭香 适量

Step 1 准备食材，南瓜、迷迭香。

Step 2 南瓜去皮去籽，切丁备用。

Step 3 烤箱预热到 200℃，将南瓜丁平铺在烤盘里。

Step 4 在烤盘和南瓜上均匀地淋上橄榄油。

Step 5 再在南瓜上撒上适量的盐。

Step 6 再撒上胡椒粉，用手抓匀，然后平铺开，最后均匀地撒上迷迭香。

Step 7 放入预热好的烤箱中层上下火烤 30 分钟。

Step 8 待南瓜颜色渐深，烤出香气，即可出炉。

丝瓜炒蛋便当

明明是新做好的便当，却感觉在吃“剩菜”？其实，在制作便当时将食材炒至九成熟便可出锅，尤其是像丝瓜这类较为软嫩的瓜类更应该这么处理，使其二次加热后还可以像刚出锅一样口感极佳。

用料

丝瓜 1根
木耳 少许
鸡蛋 2个
生抽 适量
盐 适量
油 适量

Step 1 准备食材，丝瓜、木耳、鸡蛋。

Step 2 丝瓜洗净去皮，切滚刀块待用。

Step 3 木耳在冷水中泡发，切成小块待用。

Step 4 鸡蛋打散，热锅倒油后下鸡蛋液炒到八成熟盛出。

Step 5 锅里继续下油，倒入切好的丝瓜，淋适量生抽翻炒。

Step 6 丝瓜炒得稍软后加入木耳丝，继续翻炒。

Step 7 加入之前炒好的鸡蛋，继续翻炒。

Step 8 出锅前撒少许盐翻炒调味，即可出锅。

开胃酱拌便当

特制酱料对便当而言就跟火锅蘸料一样，有点睛之笔的作用。肉糜酱料则是一种既可作为菜式，又可作为蘸酱的菜品。在便当中加入这种肉糜酱料，一定会令便当变得更开胃。

用料

牛肉末 250 克

大红辣椒 150 克

花生仁 200 克

白芝麻 100 克

豆瓣酱 适量

黄豆酱 适量

番茄酱 少许

糖 少许

油 适量

Step 1 准备食材，牛肉末、大红辣椒、花生仁、白芝麻、豆瓣酱、黄豆酱和番茄酱。

Step 2 花生仁用开水泡 1 小时后去皮，炸酥，压碎；红辣椒洗净去蒂去籽，用料理机打碎。

Step 3 热锅内倒油，放入牛肉末，用小火炒熟且炒出水分后，盛出牛肉末。

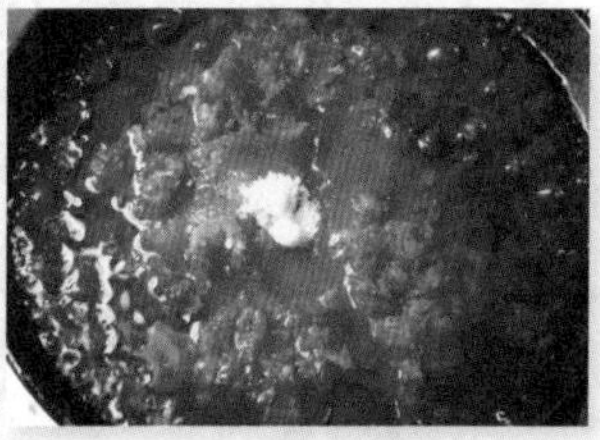

Step 4 再倒入一些油，加豆瓣酱和黄豆酱，搅拌均匀后中火炸出酱香，加入辣椒碎和糖继续中火翻炒。

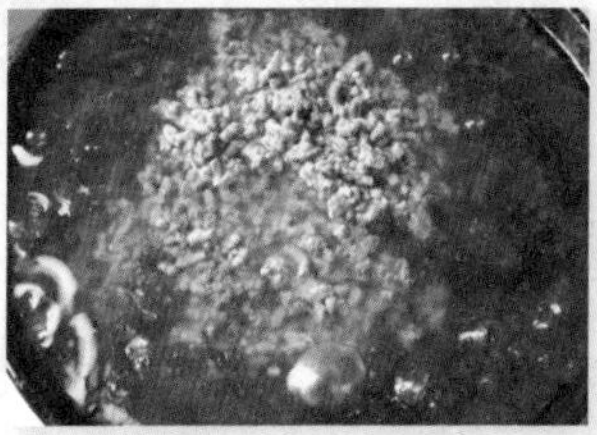

Step 5 等辣椒炒熟之后，倒入牛肉末和一两勺番茄酱，翻拌均匀，待汤汁烧开后立即关火。

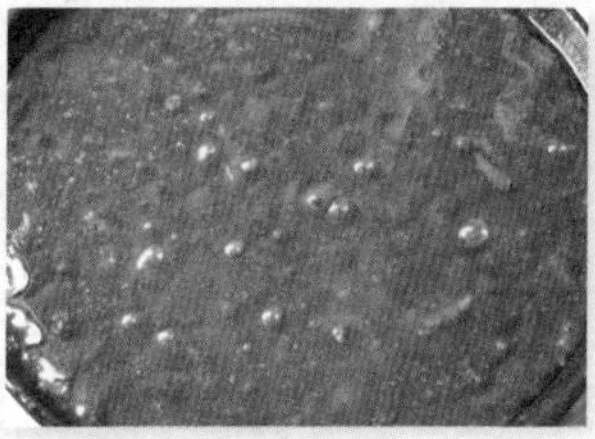

Step 6 用汤匙轻搅牛肉酱，待酱冷却。

Step 7 待酱冷却后，拌入花生碎和白芝麻增加口感。

Step 8 装瓶密封，吃时将其盛出即可。

菜饭分隔便当

吃便当不喜欢菜汁渗到饭里，吃不出米饭的原味？那就用青菜把饭菜分隔开，此方法还适用于防止菜肴相互串味。不用花费过多的钱财去购置分隔便当盒，更为省心。

用料

生菜 适量

米饭 1碗

炒好的菜 适量

Step 1 准备食材，生菜、米饭、炒好的菜。

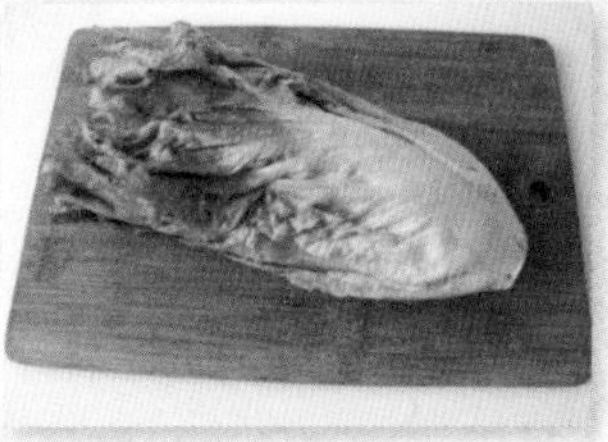

Step 2 生菜洗净，把水沥干。

Step 3 用手一片片剥开生菜叶。

Step 4 根据便当盒的大小，切除生菜叶根。

Step 5 把生菜叶摆放在便当盒中部。

Step 6 在便当盒一侧盛入炒好的菜。

Step 7 在生菜的另一侧盛入米饭。

Step 8 简单的生菜区隔就完成啦。

凉拌面便当

凉拌菜品对于需要使用多种烹饪方式的菜品来说，确实方便省力不少。另外，凉拌食物不必费心保温加热，做好后直接放入便当盒自然冷却，就能成为一道十分美味可口的便当了。

用料

藕 1节
芹菜 适量
香菇 5个
胡萝卜 1根
面 适量
蒜 2瓣
油 适量
麻油 少许
盐 适量
糖 少许
白芝麻 少许
醋 少许
生抽 适量

Step 1 准备食材，藕、芹菜、香菇、胡萝卜、面、蒜。

Step 2 藕切片，胡萝卜、香菇和芹菜都切丝待用。

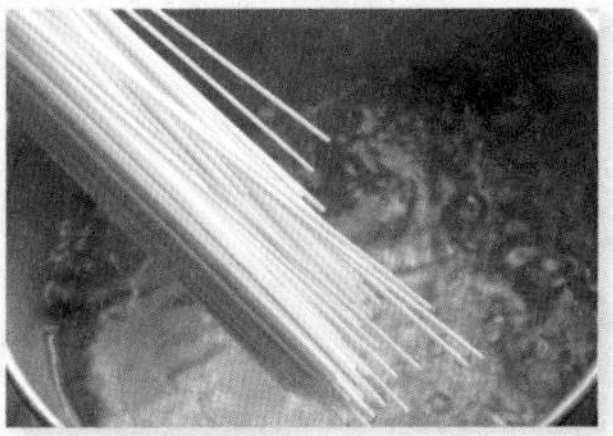

Step 3 烧一锅开水，下面煮软。

Step 4 面软后捞出，淋上冷水，充分冷却后沥干水分，拌入麻油，防止面条粘连。

Step 5 热锅倒油，待油热后先倒入胡萝卜丝翻炒。

Step 6 待胡萝卜呈橙黄色的时候倒入其他蔬菜，继续翻炒。

Step 7 加少许盐翻炒，直到蔬菜出汁，淋麻油和糖，拌匀出锅。

Step 8 将炒好的蔬菜倒在面条碗里，加入由糖、醋、生抽调好的酱汁，拌匀即可食用。

三明治杂蔬便当

三明治是一种很方便的食物，就算早上没时间做，前一晚做好亦可。无论是作为早点还是作为午餐、点心，都是十分不错的选择。除此之外，冷食三明治同样也能享受美味。

用料

吐司 2片
火腿片 1片
奶酪 100克
卷心菜 100克
鸡蛋 1个
红黄甜椒 少许
黑胡椒 少许
沙拉酱 适量

Step 1 准备食材，吐司、火腿片、奶酪、卷心菜、鸡蛋、红黄甜椒。

Step 2 将卷心菜切成细条，根据个人口味拌上沙拉酱。

Step 3 将红黄甜椒切成细条，加入到卷心菜中，搅拌均匀。

Step 4 热锅下油，煎一个鸡蛋，煎好出锅待用。

Step 5 吐司和火腿切片，一起烤到表面金黄。

Step 6 把拌好的卷心菜和煎鸡蛋放在一片吐司上，另一片吐司上则放烤好的火腿。

Step 7 小心地合上两片吐司，蔬菜不要露出太多。

Step 8 最后把完整的三明治一切为二，放在便当盒里。

懒人饭团便当

用手捏出的饭团便当，是不是有趣又好吃？软糯的饭团搭配开胃的小菜，让不会做菜的人也能轻松做便当。

用料

米饭 2碗

榨菜 少许

泡菜 少许

剩菜 少许

保鲜袋 1个

Step 1 准备食材，米饭、榨菜、泡菜、剩菜等。

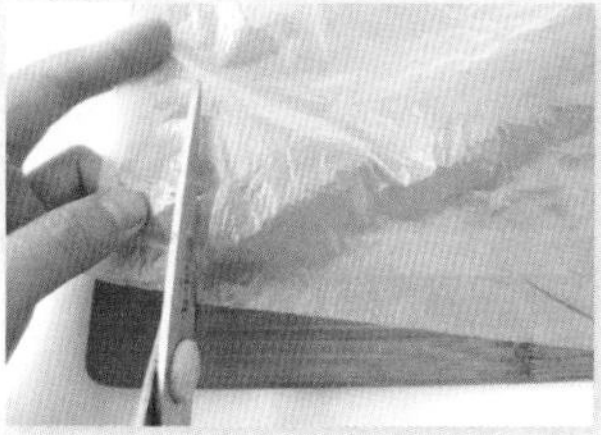

Step 2 保鲜袋沿边缘剪开，变成上下两张。

Step 3 取适量的白饭放到保鲜袋中间位置，用手按压成圆形。

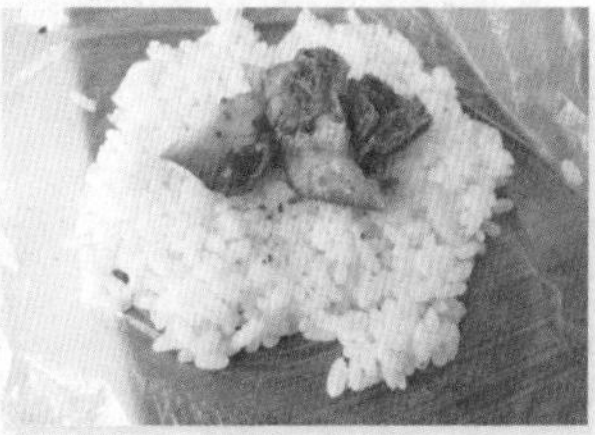

Step 4 铺上泡菜或者榨菜，或者任意的剩菜等现成食材。

Step 5 将保鲜袋包起，封口扭紧把饭团团成球形。

Step 6 打开保鲜袋取出饭团。

Step 7 根据个人食量可多做几个饭团。

Step 8 完成后装入便当盒，简单的保鲜袋饭团就完成啦。

染色趣味便当

每天吃着白米饭便当单调又没味？试着给它来点“颜色”，用紫甘蓝打汁，可以毫不费力地把米饭染成紫色，既摄入了营养，又好看。胡萝卜汁、芹菜汁都可以用来为米饭染色。

用料

紫甘蓝 半棵

大米 100 克

Step 1 准备食材，紫甘蓝和大米。

Step 2 将紫甘蓝洗净，均匀切碎。

Step 3 料理机加水，打出紫甘蓝汁。

Step 4 滤出残渣只保留纯紫甘蓝汁。

Step 5 大米淘洗干净，沥出淘米水。

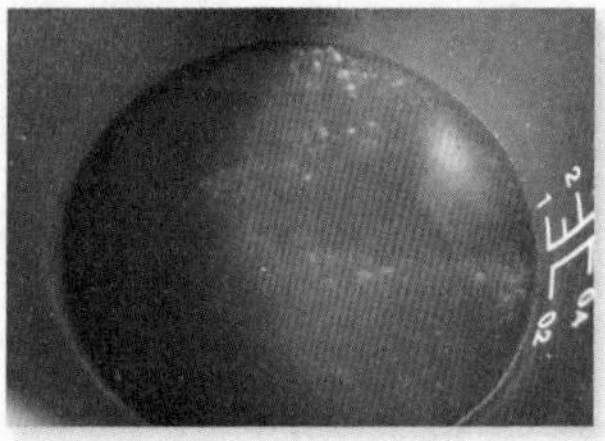

Step 6 在电饭煲内倒入紫甘蓝汁。

Step 7 电饭煲通电，待饭煮好。

Step 8 饭煮熟后即可食用，紫色的米饭，好看又好吃。

水果组合便当

喜欢在便当盒里加些水果，但若是直接跟饭菜放在一起，菜汁或饭粒影响水果口感。可以利用蛋糕托装水果使其不易被其他菜品污染。这种方法同样也适用于其他较易被串味的食物。

用料

米饭 1 碗

水果 适量

蛋糕托 2 个

Step 1 准备好水果（以猕猴桃、李子为例）、米饭及蛋糕托。

Step 2 猕猴桃先对半切开。

Step 3 然后去皮切成小块。

Step 4 李子洗净后切小块。

Step 5 李子去核，为了美观，两种水果切的大小最好均等。

Step 6 把两种水果分别装进两个蛋糕托内。

Step 7 把蛋糕托平放到合适的便当盒里。

Step 8 在便当盒的另一侧放上米饭，尽量不要压到水果，完成便当。

面包肉馅便当

面包、吐司等都属于主食，根据个人的饮食习惯，或想要尝试换换口味的朋友，都可以尝试用面包作为便当主食，加入馅料更美味。

用料

牛肉末 250 克
芹菜 150 克
干辣椒 少许
蒜 2 瓣
小米椒 少许
盐 适量
味精 少许
酱油 适量
油 适量

Step 1 准备食材，牛肉末、芹菜、干辣椒、大蒜、小米椒。

Step 2 芹菜摘去叶子，清水洗净切成碎末，大蒜切片，干辣椒去籽切段，小米椒切碎待用。

Step 3 开中火，锅中放少许油，倒入切好的牛肉末翻炒。

Step 4 加少许酱油迅速翻炒，炒至断生，再接着翻炒片刻后盛出备用。

Step 5 锅中剩油放入大蒜和干辣椒煸出香味，放入芹菜末和小米椒碎，转中高火，翻炒 3 分钟。

Step 6 再放入炒好的牛肉末，继续翻炒 2 分钟。

Step 7 翻炒期间加入适量盐、味精和酱油调味。

Step 8 翻炒均匀后出锅，装入便当盒即可。吃时配上面包

Tips：变成选米达人的秘诀

市面上各式各样的大米，高低不一的价格，让人感到无从下手。经验不多的人无法分辨各种米的差别，也不知道该如何鉴别米的质量，更不知道怎么做能让米饭变得更可口。下面介绍一些小知识，帮助你做出可口的米饭。

给大米分类，三法有讲究

1 依照产地，主要分为南方米和东北米。前者多产于江苏、安徽等南方地区，口感软糯；后者多产于黑龙江、吉林、辽宁三省。东北米不但软糯，更富嚼劲，米香味浓，营养丰富，中国最优质的的大米品种基本产于北方。

2 依照大米形态，主要分为长粒米与圆粒米。南方米与东北米都有长粒、圆粒。一般而言，东北米米粒越长，米质越好；相对而言，南方长粒米的米质则一般了。

3 依照加工程度，分为抛光米、糙米、胚芽米。三种不同的加工意味着营养保留程度的不同。抛光米品相和口感最好，也是市面上最普及的大米，但仅含有胚乳的营养；糙米保留了所有营养，但不易消化，口感也不如抛光米；包含胚芽和胚乳的就是“胚芽米”，但其加工工艺较为复杂，所以市面上不常见，但胚芽米既保持了大米的口感，又最大程度地保留了大米的营养成分。

选大米，四步走——“望、闻、嚼、摸”

1 用眼观察。优质大米晶莹剔透有光泽，颗粒无色透明，形态均匀；变质大米色泽发黄、灰暗不透明。再看米粒最饱满的“腹”部，通常有个不透明的白斑，俗称“腹白”。腹白越小，米质越高。若发现米粒表面有横裂纹，则可能是陈米。

2 细闻米香。手中取少量米，哈一口热气，闻米香，优质大米具有稻谷的清香，劣质大米有霉味。

3 口嚼听声。拿起一粒米，用牙齿咬一下，硬度大、声音清脆的才是良品。

4 揉搓吹粉。把手插入米袋中摸一摸，观察手面，如有少许白色粉面，轻吹即掉的证明是新米，轻吹不掉而且揉搓后有油的则为劣质米。

如何煮一顿好吃的米饭

如何让米更好地散发出它应有的香气、更好地发挥它的长处呢？煮出一顿好吃的米饭是一门学问，储存、淘米、浸泡、每个步骤都用心完成，就可以蒸出一锅颗粒饱满、软硬适度的米饭。

让米饭更好吃的煮米步骤

1 计量

米的计量单位为合，一合为 180 毫升。首先，用秤正确计量所取米的量，随后便可决定所需水的量。米和水的基本比例为 1 ： 1。

2 淘米

将称量完成的米倒入大容器中，随后加入纯净水，从底向上搅拌淘米，待水浑浊后沥去水分。这样的动作重复 4~5 次，直至淘米水干净为止。注意淘米不宜用力过大。随后，将淘干净的米放入过滤碗中静置约半小时，沥干所有水分。

3 浸泡

用软水浸泡米，浸泡后的生米吸收水分，口感更饱满。夏季浸泡半小时，冬季则需浸泡 1 小时。若时间较急，可选择温水浸泡，适当减少浸泡时间。若早餐习惯吃米饭，则前一夜就需将米浸泡于水中，用保鲜膜封住容器后放入冰箱，待煮时取出，沥去水分开始煮饭。

4 煮米

家庭中使用的煮米用具通常是电饭煲，其快捷省力。其他的如高压锅、石锅和陶锅都是可供选择的煮米容器。如用高压锅煮米，先大火至锅中沸腾，然后转至小火运转 3 分钟。随后，关火焖 10 分钟后才可打开锅盖。

5 搅拌

煮好的米饭，不可立刻食用。此时要做的是搅拌米饭。通过搅拌把藏在饭粒间的水汽去除。用饭板将米彻底翻松后，盖上容器盖子，再焖 5~10 分钟，才能达到米饭的最佳境界。

6 盛饭

将米饭松松地盛入碗中，切记不可用勺子从上向下挤压米饭，否则会严重影响米的口感。

Chapter 8

简单易学！一尝难忘的便当小配菜

不一定每一份便当都必须满满都是正餐主食，有没有想过给便当搭配一道开胃的小菜呢？凉拌萝卜丝、凉拌海带丝、醋拌小黄瓜、醋拌莴笋丝……这些光听名字就让人忍不住两颊生津的开胃小菜，不再是只能在超市熟食区买到，简单易学的步骤，在家也可以搞定！

凉拌萝卜丝

萝卜是四季常见的蔬菜之一，用萝卜丝做凉菜更有创意，也更易入味。无论是作为搭配小菜还是作为主菜，都可以放入便当成为一个亮点。

用料

白萝卜 半根
红青辣椒 少许
姜末 少许
蒜末 少许
醋 少许
白糖 少许
盐 少许
麻油 少许
辣椒油 少许

Step 1 准备食材，白萝卜、红青辣椒。

Step 2 萝卜和红青辣椒洗净，分别切丝。

Step 3 萝卜丝和红青辣椒丝用盐腌制 15 分钟。

Step 4 期间萝卜丝会出水，腌好后把水沥干。

Step 5 在食材内拌入姜末、蒜末、醋、白糖和盐。

Step 6 再加入些许麻油和辣椒油提味，搅拌均匀。

Step 7 将拌匀的萝卜丝稍微搁置一会儿，待其入味。

Step 8 待萝卜丝颜色呈深色进味后，即可食用。

凉拌海带丝

➡ 干海带泡发后，用于制作凉拌菜是再好不过的了。它是夏日里的爽口菜、大排档的首选菜，只要几步便可在家制作这款人气凉菜。

用料

海带 100 克
蒜 5 瓣
生抽 适量
醋 适量
辣椒油 少许
盐 适量

Step 1 准备食材，海带和蒜瓣。

Step 2 海带浸泡透，蒜捣成蒜泥待用。

Step 3 把海带上的杂质洗净，切成适当大小。

Step 4 海带开水下锅灼 5 分钟，然后捞出晾凉。

Step 5 把晾凉的海带切成丝状，装入碗中。

Step 6 拌入蒜泥。

Step 7 再加入生抽、醋、辣椒油和盐。

Step 8 将配料与海带搅拌均匀，提味提香，稍微搁置待其入味后即可食用。

酱拌小鱼干

喜爱的食材与配料不必去约束它的做法，根据自己的口味，将两种不同的食材搭配，发挥创意，小小的鱼干不仅能变成十分可口的办公室零食，也能变成便当配菜，一举多得。

用料

小鱼干 200克
韩式辣酱 适量
白芝麻 100克
香油 适量
糖 少许

Step 1 准备食材，小鱼干、韩式辣酱和白芝麻。

Step 2 把小鱼干用冷水浸泡10分钟，泡好后沥干水。

Step 3 平底锅烧热，直接放入小鱼干烘烤。

Step 4 烘到小鱼干变酥脆时，加入韩国辣酱。

Step 5 再加入白芝麻，翻炒拌匀。

Step 6 最后根据个人口味加入适量的糖、香油提味。

Step 7 待鱼干变红入味，即可出锅装盘。

Step 8 装入便当盒，便当完成

简易小卤蛋

普通的鸡蛋太大，整个鸡蛋咬下去还可能会引起蛋黄粘牙的尴尬。但将鸡蛋换成鹌鹑蛋情况就不一样了，一口一个更为合适，营养价值不逊于鸡蛋，并且更易入味。

用料

鹌鹑蛋 250 克
花椒 少许
桂皮 少许
八角 3 颗
香叶 少许
红糖 少许
白砂糖 少许
老抽 少许
生抽 适量
盐 适量

Step 1 准备食材，鹌鹑蛋、花椒、桂皮、八角和香叶。

Step 2 鹌鹑蛋冷水下锅加盐，煮至水开后转小火煮 3 分钟关火。

Step 3 起锅后把鹌鹑蛋捞到冷水里浸泡一会儿，让其冷却。

Step 4 将冷却好的鹌鹑蛋去壳，用碗盛好。

Step 5 在锅中放入适量老抽、八角、桂皮、香叶和花椒；再放入剥好壳的鹌鹑蛋，加水，水量大约没过蛋即可，开大火煮至沸腾。

Step 6 沸腾后加入盐、白砂糖、红糖以及生抽调味。

Step 7 继续大火煮约 12 分钟，让鹌鹑蛋充分入味。

Step 8 待鹌鹑蛋色泽变深入味，即可关火起锅。

凉拌千张丝

大鱼大肉吃腻了，来个凉拌千张丝，韧劲十足的千张丝吸收了香菜、大蒜与各式调味料的香味，一口接一口，在清肠胃的同时味蕾也收获了满满的幸福感。

用料

千张 200 克
蒜 3 瓣
香菜 少许
油 适量
生抽 适量
醋 适量
香油 少许
辣椒油 少许
盐 适量

Step 1 准备食材，千张、蒜瓣和香菜。

Step 2 千张洗净，切成丝状待用。

Step 3 蒜切末，香菜切段待用。

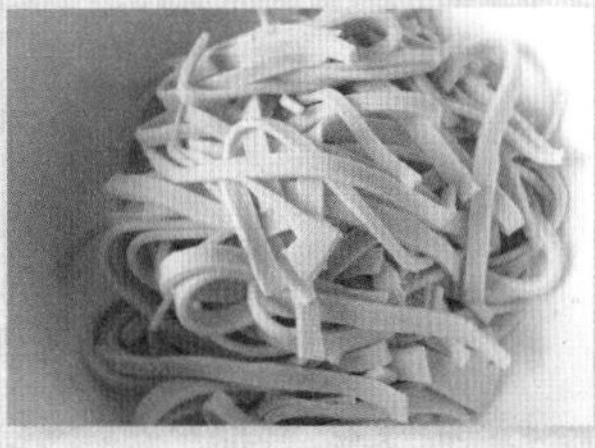

Step 4 千张丝用开水灼一下，沥干水分。

Step 5 热锅放油，放入蒜片炒出香味立即关火。

Step 6 将千张丝和香菜倒入锅中。

Step 7 再倒入生抽、醋、香油、辣椒油和盐拌匀。

Step 8 拌匀后稍微搁置待其入味，即可出锅。

醋拌小黄瓜

醋拌小黄瓜是当之无愧的夏季食用凉菜之首，尽管各家的做法不一样，但基本流程还是不变的，在此基础上可根据个人口味进行加料调味，也可以根据便当菜式调出自己喜欢的味道。

用料

黄瓜 2根
蒜 5瓣生抽
适量
醋 适量
糖 少许
香油 适量

Step 1 黄瓜洗净，蒜瓣剥皮备用。

Step 2 把洗净的黄瓜削皮拍碎。

Step 3 大蒜剥皮后切成蒜末。

Step 4 将大蒜与黄瓜放入碗中搅拌均匀。

Step 5 加糖少许，将生抽淋到黄瓜上继续搅拌。

Step 6 再把醋淋到黄瓜上继续搅拌。

Step 7 最后加入香油，淋到黄瓜上继续搅拌。

Step 8 待所有配料搅拌均匀入味后，即可食用。

醋拌莴笋丝

莴笋丝晶莹剔透，清脆多汁，加入醋汁凉拌，味道更爽口怡人。加入肉末或碎萝卜丁配色，不仅能够作为主菜，也能凉拌配菜食用。

用料

莴笋 1根
麻油 适量
蒜 4瓣
胡萝卜 1根
盐 适量
糖 少许
白醋 少许

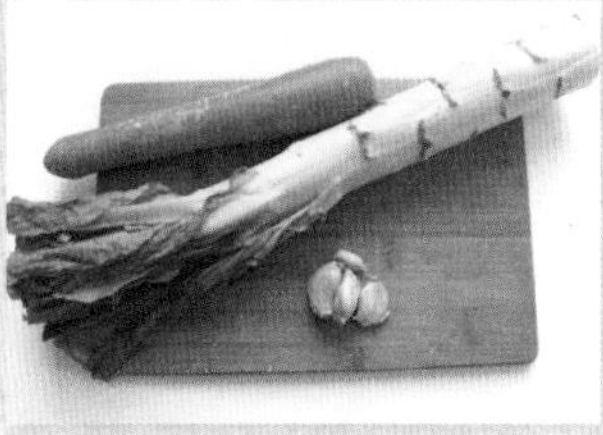

Step 1 准备食材，莴笋和胡萝卜洗净待用。

Step 2 将洗好的莴笋削皮切丝。

Step 3 蒜瓣剥皮后，切成蒜粒。

Step 4 用开水灼莴笋丝半分钟。

Step 5 将灼好的莴笋放入冷水中泡1分钟，沥干水分待用。

Step 6 将盐、糖和醋等调料放在一个碗里拌匀。小火加热少许麻油将蒜末爆香，爆香后倒入调料。

Step 7 调料汁全部倒入碗里的莴笋丝上，搅拌均匀让其入味。

Step 8 最后加点儿胡萝卜丝点缀，为食材增添色彩。

红油土豆丝

简单的凉拌土豆丝，只需煮熟后拌上佐料就可以做好。土豆淀粉含量高，若便当中的米饭不够，还可以充当主食。

用料

土豆 1个
红辣椒 2个
蒜 少许
盐 适量
糖 少许
辣椒油 少许
蚝油 少许
麻油 少许
白醋 少许
冰水 适量

Step 1 准备食材，土豆、红辣椒和辣椒油。

Step 2 土豆丝洗净，削皮后切成细丝。

Step 3 将土豆丝倒入开水里，煮3分钟后捞出，过凉开水冷却。

Step 4 然后再放入冰水中浸泡片刻，再次捞出沥干。

Step 5 红辣椒切丝，蒜瓣拍碎，切成蒜末。将土豆丝、辣椒丝和蒜末一同放入大碗中。

Step 6 在碗中放入盐、糖、蚝油、辣椒油和白醋拌匀，稍微静置，待其入味。

Step 7 最后淋上麻油，稍微搅拌使其提香。

Step 8 待所有配料搅拌均匀入味后，即可食用。

茄子豆角

茄子是为数不多的紫色蔬菜之一，也是餐桌上十分常见的蔬菜。而这道既可做主菜，又能当小菜的茄子豆角，真的是让人不得不爱啊。

用料

豆角 200克
茄子 1个
姜 少许
蒜 少许
葱花 少许
盐 适量
糖 少许
蚝油 少许
生抽 适量
水淀粉 少许
油 适量

Step 1 准备食材，豆角、茄子、葱花和蒜瓣。

Step 2 豆角去掉头尾，拨茎洗净，切段待用。

Step 3 茄子带皮洗净、切条，姜去皮切丝，蒜去皮切片，葱切段。

Step 4 锅中水烧开后，放盐少许，豆角入水灼20秒，然后放入茄丁灼20秒，一起捞起，沥干水分。

Step 5 锅烧热倒入油，大火，油温5成熟时放入葱姜蒜，将其爆香。

Step 6 待配料煸出香味，放入茄条翻炒。

Step 7 用大火煸1分钟再倒入豆角翻炒几下，加入盐、糖、蚝油和生抽，倒入少许水继续翻炒。

Step 8 改成中火炒约2分钟，最后淋入水淀粉勾芡即可出锅。

韩式拌南瓜

南瓜美味可口且颜色诱人，将其用清甜的柚子蜜腌制过后做成便当，在夏季冰镇过后食用，更为爽口。

用料

南瓜 200 克
韩式柚子蜜 适量
盐 适量

Step 1 准备食材，南瓜、韩式柚子蜜。

Step 2 把南瓜削皮、去籽，然后将其切成薄片。

Step 3 将切片后的南瓜盛入碗中，撒上盐腌制。

Step 4 腌制半小时以上，稍微搅拌，去其涩味。

Step 5 南瓜片腌好后用清水洗净，沥干水分待用。

Step 6 往沥干后的南瓜片中加入柚子蜜，搅拌均匀。

Step 7 再腌半小时待其入味，或放入冰箱冰镇一晚。

Step 8 腌好后即可食用，冰镇过的口感更佳。

Tips：适合做凉拌小菜的食材

开胃小菜的作用是为了刺激味蕾、增强食欲。小菜的量或味道，一般来说与主菜完全不同，食用方法通常也有异。小菜一般选用蔬菜来制作，而生吃蔬菜又能够最大限度地保存营养，所以，建议使用凉拌的方法制作小菜。

最适合凉拌的 7 种蔬菜

莲藕

藕略微焯一下，凉拌吃或直接生吃可医治热性病症，清烦热、止呕渴、开胃，防止鼻、牙龈出血。莲藕煮熟后其性由凉变温，能促进食欲，是补脾、养胃、滋阴的佳品。莲藕口感爽脆，味道微甜，用它做成的小菜最是开胃。

芹菜

经常吃芹菜有助于清热解毒，祛病强身。但芹菜的降压作用在其炒熟后并不明显，最好凉拌，可最大限度地保存营养，起到降压的作用。所以，芹菜很适合做凉拌菜。

土豆

土豆也很适合做凉拌菜，它只含有 0.1% 的脂肪，夏天吃土豆也不必担心脂肪过剩。土豆含有优质蛋白，无论是营养价值还是保健功能，都不在黄豆之下；即便是人体需要的其他营养元素也比米面更全面。凉拌土豆丝时，要记得先把土豆充分煮熟。

萝卜

萝卜含有大量的纤维素、多种维生素及微量元素。纤维素可以促进肠胃蠕动，防止便秘，还可以提高抵抗力。它有“小人参”的美称，特别是在冬天，是人们饭桌上的常客。

金针菇

常食金针菇能降低胆固醇，预防肝脏疾病和肠胃道溃疡，防病健身。金针菇含锌量比较高，也有促进儿童智力发育和健脑的作用。夏天，妈妈们可以多给孩子准备凉拌金针菇，可以补充孩子因为出汗而流失的钾，消除疲劳。

苦瓜

苦瓜具有清热消暑、养血益气、补肾健脾、滋肝明目的功效，对治疗痢疾、疮肿、中暑发热、痱子过多、结膜炎等有一定的功效。炎炎夏日，做一道适合在夏季食用的凉拌苦瓜，是个不错的选择。凉拌苦瓜是一道既能清火，又能去脂减肥的保健菜。

莴笋

莴笋的吃法很多，不管是炒还是凉拌都很适合。莴笋的营养价值很高，常食具有非常好的保健功效。

Tips：便当小配菜制作 Q&A

凉拌菜是便当中很好的开胃菜。凉拌菜不仅做法简单，而且又营养。每一道凉拌菜，吃的不仅仅是食物本身，更是一种健康理念。只要掌握了制作凉菜的小技巧，就能轻松把握调味料的精髓，让美味更上一层楼！

Q1：哪些蔬菜必须煮得熟透后再食用？

A：含淀粉的蔬菜，如土豆、芋头、山药等必须熟吃，否则其中的淀粉粒不破裂；此外，人体无法消化含有大量皂甙和血球凝集素的扁豆和四季豆，食用时一定要熟透变色；干木耳烹调前宜用温水泡发，泡发后仍然紧缩在一起的部分不要吃。无论是凉拌还是烹炒，豆芽一定要煮熟吃。

Q2：干海带应该如何清洗、食用、保存？

A：从市场上买回来的干海带，先要抖掉海带上面的盐、沙子，及其他一些杂质，尽量慢慢抖，免得把海带弄碎。大致把海带上面的沙子抖掉之后，再用清水浸泡 3~5 小时使其泡软。泡软的干海带使用温水进行清洗。若煮出来的干海带一次吃不完，则把海带控干水分，卷成海带卷，冻在冰箱冷冻室中，随吃随取即可，非常方便。

Q3：凉拌菜用什么醋好吃？

A：凉拌菜所用的醋是有一定讲究的。对于大多数蔬菜，比如醋拌莴笋等而言，我们希望蔬菜的颜色更加鲜艳，口感也更加清爽，这时一般用白醋。对于一些卤菜，如卤猪头猪耳等而言，一般会选择使用香醋，配合葱姜蒜等调味料来凉拌。而味道特别重的一些菜，比如酱牛肉等，可以选用陈醋来调味。有些凉菜，需要放较多醋时，宜采用米醋。

Q4：鱼干如何保存得更持久？

A：鱼干虽然晾干了水分便于长久保存，但鱼干终究是肉制品，对水分的吸收能力比较强，容易被潮湿的环境影响而发霉变质。鱼干所储存的环境要阴凉通风和保持干燥，不能放置于潮湿的地方，避免阳光暴晒。另外，一定要把鱼干放入密封性很强的袋子里隔绝与空气接触，避免空气中的水分渗入鱼干中。

Q5：夏季凉拌菜可以保鲜多久？

A：夏天气温高，细菌繁殖非常快。凉菜能放置的时间长短取决于凉菜的种类和配方用卤制食材做成的凉菜，在没有被污染的情况下放置的时间最长，可以放置 6 小时左右；经过断生并加入了蒜、醋等有一定杀菌作用的辅助材料做成的凉菜一般可以放置 4 小时左右；全是生菜拌的凉菜，如醋拌黄瓜之类最多只能放置 2 小时。记住，保存的时间长短与温度高低成反比。

Q6：哪些蔬菜需要开水焯后再吃？

A：西蓝花、菜花等焯过后口感更好，它们含有的丰富纤维素也更容易消化；菠菜、竹笋、茭白等含草酸较多的蔬菜也最好焯一下，否则草酸在肠道内与钙结合成难吸收的草酸钙，会干扰人体对钙的吸收；大头菜等芥菜类蔬菜含有硫代葡萄糖苷，水焯一下，水解后生成挥发性芥子油，味道更好，且能促进消化吸收；马齿苋等野菜焯一下能彻底去除尘土和小虫，还能防止过敏。而莴苣、荸荠等也最好先削皮、洗净，用开水烫一下再吃。

Q7：怎么切丝才能切细？

A：蔬菜切丝有两种比较常用的方法。

① 瓦楞切法：将已经切好的薄片错位叠放，像瓦片一样叠成斜坡，之后多采用锯切法或者直切法来切丝。此种手法容易上手，效率高。常见的切土豆丝即用此种手法。

② 直叠切法：将已经切好的薄片一层层向上垒起，排成正方体状，之后根据原料特性来切丝。这种方法可以切出非常均匀且细长的丝，尤其是作为凉菜的装盘效果惊艳，但比较讲究技巧，容易浪费原料。常见的切莴笋丝可以用此种刀法。

Q8：味精适不适合加到凉拌菜中？

A：味精是提鲜的佐料，但如果温度达不到，不仅不能提鲜，反而会影响菜品的味道。味精在 80℃ ~ 100℃时才能充分发挥其提鲜的作用。而凉菜温度低，味精不能充分溶解，不但菜品的鲜味出不来，味精颗粒反而会附着在凉菜表面，影响口感。不过，如果有人确实习惯在凉拌菜中加入味精，不妨把味精和鸡精先融于温热的水中，然后再添加。